MICAEL DAHLEN
HELGE THORBJØRNSEN
MEHR. ZAHLEN. JEDEN. TAG.

MICAEL DAHLEN
HELGE THORBJØRNSEN

MEHR.
ZAHLEN.
JEDEN.
TAG.

Warum wir alles messen, zählen und
bewerten und wie das unser Leben beeinflusst

Aus dem Schwedischen von Anja Lerz

Die Originalausgabe erschien 2021 unter dem Titel *Sifferdjur – hur siffrorna styr våra liv* bei Volante, Stockholm, und wurde für die englische und deutsche Ausgabe 2022 von den Autoren aktualisiert.

Sollte diese Publikation Links auf Webseiten Dritter enthalten, so übernehmen wir für deren Inhalte keine Haftung, da wir uns diese nicht zu eigen machen, sondern lediglich auf deren Stand zum Zeitpunkt der Erstveröffentlichung verweisen.

Penguin Random House Verlagsgruppe FSC® N001967

Copyright © 2023 Kösel-Verlag, München,
in der Penguin Random House Verlagsgruppe GmbH,
Neumarkter Str. 28, 81673 München
Redaktion: Julia Sterthoff
Umschlaggestaltung: zero-media.net, München
Umschlagmotiv: FinePic®, München
Satz: Uhl + Massopust, Aalen
Druck und Bindung: GGP Media GmbH, Pößneck
Printed in Germany
ISBN 978-3-466-37301-7
www.koesel.de

Ganz unschuldig sehen sie aus, wie sie so dastehen, die Zahlen. Eine einsame Ziffer auf einem Bildschirm oder einem Blatt Papier. Dein Kontostand, dein Puls oder die Anzahl deiner Schritte bis zur Mittagspause.

 1590 97 3467

Zahlen sind konkret, exakt und eindeutig. Sie sind ehrlich, kontrollierbar und neutral. Eine aufgeklärte Gesellschaft stützt sich auf Zahlen, nicht auf Gefühle. Zahlen schaffen Transparenz, Verlässlichkeit und Beweise. Sie sind relevant, rational und objektiv.

 0 55 7,9

Zumindest dachten wir das. Stattdessen stellt sich heraus, dass sie verführerische, manipulative, ablenkende kleine Teufel sind.

 2 4 16

Zahlen führen uns in die Irre und lügen. Sie verzerren und verführen. Sie spalten und herrschen. Sie haben sich überall hineingeschlichen – und sind dabei, dein Leben in Beschlag zu nehmen. Wir lieben sie, wir sind abhängig von ihnen. Doch die Zahlen sind dabei, alles ganz gewaltig durcheinanderzubringen.

Das weißt du nur noch nicht.

 1 2 3

INHALT

Vorwort 9

1 DIE GESCHICHTE DER ZAHLEN 21
Zahlenmystik 32
Der Vater der Zahlendemie 34
Zahlen, die wir lieben und hassen 36
Numerologie und Idiotie 40

2 ZAHLEN UND KÖRPER 43
Magische Zahlenschwellen 46
Zahlen und Altern 49
Blame it on the SNARC 57
Ein, zwei, drei – viele? 61

3 ZAHLEN UND SELBSTBILD 65
Puls und Geld 68
Doping und Dopamin 73
Die Hölle der Vergleiche 75
I am a Traveller 80

4 ZAHLEN UND LEISTUNGEN 85
Schlanker, gesünder, schneller? 88
Dein Herz – deine Daten? 92
Big Brother 95
Zu Risiken und Nebenwirkungen … 99

5 ZAHLEN UND ERFAHRUNGEN ... 103
Das bewertete Leben. ... 107
Hat mir das eigentlich gefallen? ... 110
700 000 – und dann kommst du ... 118

6 ZAHLEN UND BEZIEHUNGEN ... 123
Ratenapping. ... 128
Partnerschaft – Performance. ... 131

7 ZAHLEN ALS WÄHRUNG ... 141
Der Moralkompass der Zahlenfanatiker ... 144
Game on! ... 148
Geld in der Matratze ... 151
Zahlenkapitalismus ... 153

8 ZAHLEN UND WAHRHEIT ... 161
Die einzige Wahrheit, die wir brauchen? ... 164
Falsche Zahlen – echte Nachrichten ... 167
Echte Likes – falsches Vertrauen ... 174

9 ZAHLEN UND GESELLSCHAFT ... 181
Zahlen, die hängen bleiben ... 183
Von den Zahlen getäuscht. ... 187
Falsche Zahlen ... 188
Die Zahlen werden falsch interpretiert ... 196
Zahlenmarathon. ... 201
Krankenwagen und Parkwächter ... 204
Messen, zählen, interpretieren, verbessern ... 206

10 ZAHLEN UND DU ... 211
Zahlen sind nicht ewig ... 213
Zahlen sind nicht universell ... 216
Zahlen sind nicht korrekt ... 218
Zahlen sind nicht genau. ... 221
Zahlen sind nicht objektiv. ... 224
Zahlen sind (trotz allem) fantastisch ... 226

Quellen ... 229
Über die Autoren ... 240

VORWORT

Unsere Tage sind gezählt.

Buchstäblich. Alles, was wir im Laufe des Tages so tun, ist gezählt. Die Tage, an denen wir uns mit anderen treffen. Die Tage, an denen wir arbeiten, lernen, verreisen. Die Nächte, in denen wir schlafen. Unsere Telefone, Social-Media-Profile, E-Mail-Programme und Apps berechnen das alles, Tag für Tag.

Wie viele Schritte bist du heute gegangen?
    Wie viele Freunde hast du?
    Wie gut ist der Fahrer des Autos, das du angefordert hast und in das du gleich einsteigen wirst (früher nannte man das Taxi)?

Das alles weißt du, denn dafür gibt es Zahlen. Der Schrittzähler zählt deine Schritte für dich. Facebook zählt deine Freunde. Die Fahrtenvermittlungs-App spuckt eine Durchschnittsbewertung aus.

    Noch vor ein paar Jahren warst du in dieser Hinsicht völlig ahnungslos. Aber heute gibt es für alles, was du tagsüber so tust, einen Rechner. Für nachts auch, übrigens. Falls du wissen willst, wie lange du geschlafen hast, wie tief, wie oft du aufgewacht bist, geschnarcht hast, dich hin- und hergedreht hast (oder »sozial aktiv« warst), gibt es auch dafür Messinstrumente. Sucht man im App-Shop nach »Rechner« oder »Zähler«, kann man scrollen, bis man eine Hornhaut auf den Fingerspitzen bekommt. Googelt man nach Tracking-Apps, erhält man weit über eine Million Treffer.

All diese Rechner und Zähler sind ein Symptom dafür, dass in unserem Leben etwas im Umbruch ist.

Quasi neulich noch kamen wir ganz hervorragend durch den Tag, ohne zu wissen, wie viele Schritte wir zurückgelegt hatten. Hatten wir eine gute Zeit mit unseren Freunden, ohne sie durchzuzählen. Aber sobald wir das Ganze in Zahlen präsentiert bekommen haben, wurden uns diese Zahlen plötzlich wichtig. Wir begannen, über diese Zahlen nachzudenken, uns über sie zu freuen, uns immer mehr Gedanken über sie zu machen, sie zu vergleichen und uns mit ihnen zu identifizieren. Sie brachten uns dazu, mehr Schritte zu machen. Den Freundeskreis zu erweitern. Wegen der wenigen Schlafstunden nervös zu werden (und vermutlich genau deswegen noch länger wach zu liegen). Als ob unser Leben davon abhinge.

In dem Moment, als wir die Durchschnittsbewertung des Fahrers angezeigt bekamen, wurde sie uns auch wichtig. Während wir uns früher damit zufriedengegeben haben, dass uns ein Taxi von A nach B brachte, kann eine schlechte Bewertung nun dazu führen, dass wir uns noch einmal überlegen, ob wir überhaupt nach B wollen. Noch vor Kurzem meisterten wir unseren Alltag ganz hervorragend, ohne die Bewertung des Fahrers, des Servicepersonals und aller anderen zu kennen, aber plötzlich achten wir darauf, liken und bewerten sie sogar selbst. Und ebenso schnell, wie wir damit begonnen haben, alles und jeden zu bewerten, von unseren Kollegen über unsere Freunde und Dates, haben wir auch angefangen, uns Gedanken darüber zu machen, wie wir wohl selbst bewertet werden. Wir unterhalten uns nervös mit Fahrern, mit denen wir früher keine zwei Worte gewechselt hätten, weil wir befürchten, sie könnten andernfalls unsere Durchschnittsbewertung als Fahrgast senken. Googelt man nach Rating-Apps, bekommt man noch eine Million Treffer mehr.

Es handelt sich um eine Entwicklung epidemischen Ausmaßes. Wir befinden uns in einer Zahlendemie, in der sich die Zahlen in immer mehr Bereiche unseres Lebens einschleichen, in alles, was wir tun und sind, unser Verhalten, unsere Entscheidungen und auch unser Denken, Fühlen und Wohlbefinden beeinflussen.

Im Laufe der Jahrhunderte haben wir Menschen uns darauf konditioniert, automatisch und instinktiv auf Zahlen zu reagieren. Selbst wenn wir uns wirklich bemühen würden, keine Zahlen mehr zu verwenden, würden wir das wahrscheinlich nicht schaffen. Wir sind Zahlentiere. Wir verfügen zwar über dieselben Grundinstinkte wie andere Tiere, was uns aber etwa von Affen und Katzen unterscheidet, ist, dass wir unsere animalischen Instinkte mithilfe der Zahlen umprogrammiert haben (sogar auf Zellniveau, wie wir später sehen werden).

Allerdings war bei der Evolution des Menschen wahrscheinlich nicht vorgesehen, dass wir es jemals mit so vielen und so großen Zahlen zu tun bekommen würden, wie uns nun plötzlich zur Verfügung stehen. Schätzungen zufolge generieren wir heute jeden einzelnen Tag mehr Zahlen als die gesamte Menschheit von der ersten Tontafel in Uruk vor mehr als 5000 Jahren bis 2010 zusammengenommen.

Mehr. Zahlen. Jeden. Tag.
Was macht das eigentlich mit uns?

Diese Frage stellten wir, Micael und Helge, uns bei unseren Vorlesungen und Forschungsarbeiten über das Leben, Verhalten, die Motivation und das Schicksal der Menschen immer öfter. Also beschlossen wir, der Sache nachzugehen und die Antwort zu finden. Oder genauer gesagt: die Antworten, Plural. Mehrere Jahre widmeten wir uns Recherchen, Untersuchungen, Laborexperimenten, Feldstudien, Tests, Interviews und Beobachtungen, und die (häufig ziemlich erstaunlichen) Ergebnisse haben wir in diesem Buch zusammengestellt.

Hier erfährst du, wie sich Zahlen körperlich auf dich auswirken – das kann sogar so weit gehen, dass sie dich langsamer oder schneller altern lassen. Wie Zahlen dein Selbstbild beeinflussen und dazu führen, dass du dich besser oder schlechter fühlst. Wie sie dein Erleben einfärben, ja sogar dein Schmerzempfinden. Wir werden auch zeigen, wie Zahlen zu einem maßgeblichen Faktor für deine Leistung geworden sind und wie sie in deine Beziehungen eindringen.

Einige Effekte sind gut (beispielsweise dass Zahlen tatsächlich eine Leistungssteigerung bewirken), einige schlecht (beispielsweise dass es den Einzelnen weniger wichtig ist, *was* sie leisten). Einige sind ein wenig unangenehm (beispielsweise dass Zahlen unter Umständen Depressionen auslösen können), und viele sind lustig (beispielsweise dass bestimmte Zahlen die Wahrscheinlichkeit steigern, dass du links abbiegst).

Wir hoffen, dass dieses Buch hilft, sich all dieser Effekte bewusst zu werden, sodass du dir die guten zunutze machst, den schlechten entgegenwirkst und die unheimlichen hoffentlich niemals zu spüren bekommst. Damit du dich besser fühlst, schönere Erfahrungen machst, mehr aus deinen Beziehungen herausholst (deine Partnerin oder dein Partner, ob gegenwärtig oder zukünftig, wird es dir danken!) und ein gesünderes Leben führst.

Außerdem liefern wir noch eine ganze Menge Geschichten zum

Weitererzählen. Beispielsweise darüber, warum eine bestimmte Trikotnummer nötig war, damit Michael Jordan GOAT werden konnte (beziehungsweise *Greatest of All Time*, wie die Basketballexperten sagen, also der weltbeste Basketballspieler und nicht etwa eine Ziege, wie die englische Abkürzung vermuten ließe). Wie Schrittzähler eine Immobilienblase hervorrufen können. Warum die Wahrscheinlichkeit, einen Strafzettel für Falschparken zu bekommen, kurz vor Weihnachten deutlich höher ist als während des restlichen Jahres. Wie ein Buch über die Genetik der Fliegen binnen 24 Stunden zum teuersten Buch der Welt wurde, oder was Jesus und Kim Jong II gemeinsam haben (Spoiler: Die Frisur ist es nicht) und wie das das Leben von Milliarden Menschen beeinflusst hat.

»Doch das war noch lange nicht alles«, wie es in der Werbung immer so schön hieß. Wir werden außerdem genauer betrachten, wie die Zahlendemie uns nicht nur auf der individuellen Ebene beeinflusst (und so »nur« ist das auch wieder nicht …), sondern auch als Gesellschaft insgesamt. Schließlich haben sich die Zahlen ja auch immer mehr in die Politik eingeschlichen. Im selben Augenblick, in dem Politikern eine unmittelbare Rückmeldung über die Anzahl ihrer Zuhörerinnen und Zuhörer ermöglicht wurde, fingen sie an, ihre Botschaft in Echtzeit anzupassen, um möglichst hohe Quoten zu erreichen. So umschmeichelten sie die Öffentlichkeit immer mehr, versprachen mehr, wurden immer provokanter und ähnelten zunehmend Karikaturen. Begannen, Mauern statt Brücken zu bauen (oder dies jedenfalls zu versprechen/anzudrohen). Sie ahnen, auf wen wir abzielen? Donald Trump war ein deutliches Symptom der Zahlendemie. Die Kampagne, die ihn zum Präsidenten machte, war vollumfänglich zahlengesteuert; es wurde Algorithmen überlassen, aus den Tweets und Aussagen diejenigen auszuwählen, die die meisten Klicks und Verbreitungszahlen lieferten.

Die Zahlen entwickelten sich zu einer Wahrheit, die Entscheidungen auf allen gesellschaftlichen Ebenen beeinflusst, sowohl in Unternehmen als auch im öffentlichen Sektor. Leichter zu bemessende und in Zahlen zu fassende Angelegenheiten werden priorisiert, etwa die Beleuchtungsstärke an einem Arbeitsplatz anstelle des Wohlbefindens der Belegschaft, um einmal ein eher lustiges Beispiel zu nennen, auf das wir später noch zu sprechen kommen.

Für uns als Wirtschaftsprofessoren liegt außerdem die Feststellung nahe, dass der epidemisch gestiegene Zugang zu Zahlenmaterial diese Daten zu einer Währung an sich macht. Etwas, das wir miteinander tauschen, über das wir verhandeln und feilschen können. Likes, Swipes, Bewertungen, Punkte, Verhaltensdaten. In gewisser Hinsicht kann man das als etwas Gutes betrachten – eine Alternative zu Geld, die die Unterschiede zwischen Arm und Reich nivelliert und allen die Chance zum Aufbau von Kapital ermöglicht. So lohnt es sich, freundlich zu sein, viele Freunde zu haben und sich mitzuteilen. Was aber geschieht, wenn die Zahlen zu einer Art neuen Währung werden, wir aber die schlimmsten Eigenschaften des Geldes beibehalten und in einen völlig neuen Zusammenhang bringen? Wenn es auf einmal möglich ist, den Preis einer Freundschaft festzulegen? Likes zu kaufen und zu verkaufen? Es besteht das Risiko, dass wir gewissermaßen zu nach immer höheren Quoten gierenden Zahlenkapitalisten, ja schlechthin unmoralisch werden. Amüsanterweise zeigt eine unserer Studien, dass Menschen, die ungewöhnlich viele Likes für ein Instagram-Bild bekommen, stärker dazu neigen, bei der Arbeit Kopierpapier zu klauen.

Wir werden zeigen, wie Zahlen uns deprimiert, narzisstisch und unmoralisch, aber auch motiviert, stark und warmherzig machen können. Du wirst zudem auch bald erfahren, wie sich bestimmte Zahlen im Gehirn festsetzen und unbewusst beeinflussen, wie viel du für ein Haus, ein Auto oder eine Flasche Wein auszugeben bereit bist.

Und wir werden erklären, warum wir Menschen uns gegenüber Zahlen manchmal so verhalten, als hätten sie eine eigene Persönlichkeit und ein Geschlecht.

Zahlen können gefährlich, aber auch großartig sein, und uns geht es ganz bestimmt nicht darum, dass man keine Zahlen mehr verwenden soll; das ist nicht unser Ziel. Schließlich lieben wir Zahlen (sonst hätten wir als Wirtschaftswissenschaftler nie so lange überlebt). Zahlen sind eine der wichtigsten Erfindungen der Menschheitsgeschichte. Wenn wir den Archäologen glauben, waren Ziffern das Erste, was die Menschen überhaupt für wichtig genug hielten, um es aufzuschreiben. Die erste bekannte Schrift der Welt ist eine Tontafel, die im ehemaligen Mesopotamien ausgegraben und auf 3200 v. Chr. datiert wurde und auf der Buch über den Eingang unterschiedlichster Waren im Tempel der Hauptstadt Uruk geführt wurde. Anders ausgedrückt, eine Art Excel-Tabelle in Ton.

Seitdem folgen uns die Zahlen durch die Geschichte. Nicht nur in Sachen Buchführung, sondern auch in Kultur, Religion, Sprache, Zeitrechnung und Zivilisation. Doch in den letzten Jahren ist die Anwendung der Zahlen regelrecht explodiert.

Sind wir etwa der *Verzifferung* anheimgefallen?

Aufgrund der exponentiellen Entwicklung der Technologie sind wir in der Lage, in einem ganz anderen Maß Zahlen zu generieren als noch vor einigen Jahren. Laut der TOP-500-Liste hat sich die Rechenstärke unserer Computer seit dem Jahr 2010 um das 60- bis 100-Fache gesteigert. Dem mooreschen Gesetz entsprechend bedeutet das, dass sie in den letzten 50 Jahren jedes Jahr je nach Zählweise in einer Größenordnung um 20 bis 200 Prozent gestiegen ist. Noch vor drei Jahrzehnten hätte die Rechenleistung der Computer in unseren Händen, die wir Telefone nennen, über 100 000 Euro gekostet. Und diese Telefone können wir mit unendlich vielen Rechnern, Zählern und Apps bestücken, dazu gibt es Betriebssysteme, Server und die Cloud, die alles, was wir tun, rund um die Uhr, überall, andauernd, registrieren und speichern.

Vor einigen Jahren standen wir, Micael und Helge, zusammen auf einer Bühne und stellten 500 Führungskräften eine einfache Frage: »Was wäre für Sie am schlimmsten – eine Woche ohne Alkohol, ohne Sex, ohne Freunde, ohne Geld oder ohne Ihr Smartphone?« Das Ergebnis war so klar wie besorgniserregend: Eine Woche ohne Smartphone war das deutlich Schmerzhafteste, das sich die Anwesenden vorstellen konnten.

Aber eigentlich ist das auch gar nicht so verwunderlich, oder? Nach und nach haben wir das Telefon immer mehr in unser Leben und unsere privatesten Angelegenheiten miteinbezogen. Unsere Ge-

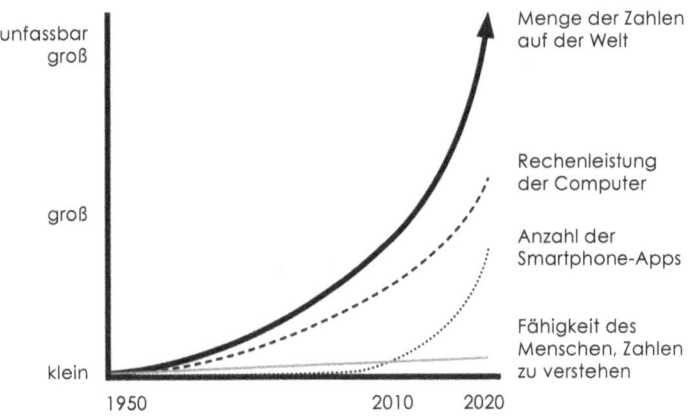

sundheit, unser Geld, unsere Arbeit, unsere Freunde, unsere Urlaube. Alles. Und im Gegenzug verpasst uns die Technologie fortlaufend eine Dosis dessen, von dem wir alle im Laufe der Zeit immer abhängiger geworden sind: Zahlen. Zahlen für alles und alle, in allen Formen und Varianten.

Eine weitere Erklärung für die Zahlendemie ist, dass es in unserem Leben einen Überfluss an in Zahlen darstellbaren Dingen gibt. Wir haben mehr und tun mehr. Laut einer amerikanischen Statistik hat sich die durchschnittliche Wohnfläche des Menschen in den letzten Jahrzehnten fast verdreifacht, der Konsum hat sich mehr als verdoppelt, und die Amerikaner geben jährlich über 24 Milliarden Dollar nur für die Lagerung ihres ganzen Krams aus. Wir haben mehr Berufe und wechseln öfter die Arbeitsstelle (laut dem statistischen Dienst SCB wechselt jeder zweite Schwede innerhalb von fünf Jahren den Arbeitsplatz, verglichen mit den früher üblichen beinahe lebenslangen »Golduhrkarrieren«). Gleichzeitig ist die Freizeit in den OECD-Ländern um ungefähr zwei Stunden pro Woche, in Norwegen und Schweden gar um das Doppelte gestiegen. Und das war noch vor Corona und dem Anstieg des Homeoffice-Anteils, der dazu geführt hat, dass viele über noch mehr Freizeit verfügen. Als wäre das noch nicht genug, haben wir pro Tag noch mehr in Zahlen zu fassende Stunden »Wach-Zeit«: Finnischen Forscherinnen und Forschern zufolge ist diese Zeit in den vergangenen zehn Jahren von durchschnittlich 16 auf 17 Stunden angestiegen, während im Rahmen einer amerikanischen Studie bekannt wurde, dass der Anteil der Menschen, die höchstens sechs Stunden schlafen (also über 18 Stunden Wach-Zeit verfügen) in den letzten Jahrzehnten um 30 Prozent angestiegen ist.

Mit diesem Überfluss geht eine gesteigerte Unsicherheit einher. Schon 2008 prägte Micael in seinem Buch *Nextopia* den Begriff einer »Welt der beliebigen Verfügbarkeit«, in der einfach alles jedem überall und zu jeder Zeit verfügbar ist. Damals ergab eine Google-Suche nach »buy shoes« 500 000 Treffer. Heute spuckt dieselbe Suche fast 6 000 000 Ergebnisse aus. Egal wonach wir suchen, ob es nun Konsumgüter sind, Aus- oder Fortbildungen, freie Stellen, Freizeitbeschäftigungen, Restaurants, Mitfahrgelegenheiten oder Menschen, mit denen wir uns verabreden wollen: Das Angebot hat sich mehr als verzehnfacht. Wie soll man sich da entscheiden?

All das hat sicher ebenso wie die allgemein zunehmenden Einschlafschwierigkeiten und der angestiegene Stress Anteil daran, dass die Schlafstunden statistisch gesehen weniger werden, nicht zuletzt unter Jugendlichen. Und es trägt dazu bei, dass wir sogar noch stärker dazu neigen, Zahlen zu vertrauen, nach dem Motto »Mehr ist besser«, weil wir hoffen, dass häufigere und bessere Bewertungen unsere Entscheidungsangst lindern.

Mit dem Anstieg des Überflusses wächst auch der Wettbewerb um unsere Entscheidungen und unsere Aufmerksamkeit. Zahlen werden zu einem spielentscheidenden Wettbewerbsfaktor, der Autorität verheißt. Unternehmen füllen ihre Werbemittel mit aufsehenerregenden Zahlen, damit wir genau ihre Produkte kaufen (dass der Padelschläger 27 Grad mehr Spin schafft, klingt gut, aber was genau soll das eigentlich bedeuten?). Die Nachrichtenanstalten polieren ihre Schlagzeilen mit Zahlen auf, damit wir an ihren Beiträgen hängen bleiben (»Heute 10 Prozent mehr Tote durch Covid-19!«, wer kann sich dagegen schon wehren?). Die Politiker benutzen sie als Argument, um uns ihre Wahrheiten zu verkaufen (»Mit 30 000 neuen Wohnungen haben wir einen elementaren Beitrag zur Daseinsvorsorge geleistet!«). Wir selbst benutzen Zahlen in allen möglichen Bereichen, ob wir nun ausgemusterte Kleidung weiterverkaufen oder unsere Couch vermieten oder auf Partnersuche gehen, und hoffen, dass sich die anderen aufgrund unserer hohen Durchschnittsbewertung für uns entscheiden. Zahlen brauchen keine langatmigen

Erklärungen und sind nicht subjektiv (glauben wir jedenfalls), wir reagieren unmittelbar auf sie und verstehen sie auch sofort (glauben wir jedenfalls).

An diesem Punkt stehen wir jetzt also gerade.
Unsere Tage sind wirklich gezählt. Buchstäblich.

Das muss nicht heißen, dass unsere Tage auch im übertragenen Sinn gezählt sind. Es gibt größere Bedrohungen für die Existenz der Menschheit als die Zahlendemie (Virusepidemien, beispielsweise. Die Klimakrise. Die vielen Hunderttausend Asteroiden, die das Sonnensystem durchqueren und die Erde zu treffen drohen – ach, vergessen wir das einfach gleich wieder, das macht die Sache auch nicht unbedingt besser …) Aber unsere Tage zu zählen und zu bemessen, macht das unsere Existenz nicht vielleicht ein wenig ärmer?

Mit diesem Buch wollen wir die Welt nicht vor den Zahlen retten, sondern darauf aufmerksam machen, wie *du* von den Zahlen beeinflusst wirst und dabei helfen, dass die Vermessenheit der Welt dein Leben nicht ärmer macht. Vielleicht stellst du fest, dass bestimmte Lebensbereiche ganz gut ohne Werte und Zahlen auskommen. Oder zumindest ein kleines Zahlen-Detox vertragen könnten. Wir jedenfalls glauben, dass es uns allen besser ginge, wenn wir gegen die Zahlendemie geimpft wären, damit wir uns bewusst dafür entscheiden können, wie wir mit ihnen umgehen wollen.

Betrachte dieses Buch als deine Impfung gegen die Zahlen.

Und jetzt legen wir los.

DIE GESCHICHTE DER ZAHLEN

1

Kurzer Zeitsprung in die Vergangenheit. Die erste »Excel-Tabelle« in Sachen Buchhaltung für den Tempel in Uruk kann auf 3200 v. Chr. datiert werden, aber die Geschichte der Zahlen reicht erheblich weiter zurück. Tatsächlich beginnt sie vor etwa 40 000 Jahren. Das muss man sich mal vorstellen. Denn so alt sind die ältesten Kerbhölzer oder Rechenstäbe, die die Archäologie entdeckt hat. Aus Knochenresten gefertigt, sind sie die frühesten sicheren Indizien dafür, dass wir Menschen anfingen, etwas zu zählen – und der Beginn all dessen, das darauf folgen sollte.

IIIIIIIIIIIIIIIIIIIIIIIIIIIII

Auf dem sogenannten Lebombo-Knochen, der in den Siebzigerjahren in den Bergen Swasilands (heute: Eswatini) gefunden wurde, befinden sich 29 Kerben. Manche behaupten, das könnte darauf hindeuten, dass afrikanische Frauen die ersten Mathematiker aller Zeiten waren und die Zählstöcke dazu benutzten, ihren Menstruationszyklus aufzuzeichnen. Ob das stimmt, werden wir nie herausfinden, weil der Knochen nach der 29. Kerbe abgebrochen ist. Vielleicht war er ja ursprünglich länger?

Auch in Europa hat man einige richtig alte Zählstöcke gefunden. Der berühmte »Wolfsknochen« wurde 1937 in der damaligen Tschechoslowakei gefunden und erwies sich als etwa 30 000 Jahre alt. Auf dem Knochen befinden sich volle 55 Zählzeichen, die in Gruppen zu jeweils fünf Kerben angeordnet sind.

IIIII IIIII IIIII IIIII IIIII IIIII IIIII IIIII IIIII IIIII IIIII

Der Wolfsknochen kann in vielerlei Hinsicht als der allererste Computer der Menschheit betrachtet werden. Mit einem solchen Rechenstab konnte man sowohl zählen als auch Zahlen aufschreiben, um dadurch Ordnung zu schaffen und einen Überblick zu bekommen. Man konnte die Anzahl der Individuen innerhalb einer Gruppe im Auge behalten, die Anzahl der Beutetiere und der Habseligkeiten und später auch Rechnungen im Zusammenhang mit dem Tauschhandel durchführen. Fast überall auf der Welt (auf die Ausnahmen kommen wir gleich noch zu sprechen) entwickelten Menschen langsam, aber sicher die Fähigkeit, zu zählen und Berechnungen anzustellen, und begannen, Zahlen Bedeutung und Wert beizumessen.

Schnell wurden wir abhängig von den Zahlen, unter anderem, weil sie bei der Verwaltung von Gesellschaften und im Handel so absolut notwendig wurden. Die erste Schreibtafel aus Mesopotamien verdeutlicht genau das – auf ihr finden sich Aufzeichnungen von Zahlen und Berechnungen. Und zack, waren die Ökonomen geboren. *Vier für dich und fünf für mich.*

Nun ist es ja eigentlich nicht so, dass wir Menschen die Zahlen *erfunden* hätten. Es gab sie ja bereits. Für jemanden, der gerne etwas zählen möchte, sind die Natur und auch der menschliche Körper eine wahre Goldgrube. Finger und Zehen, Beutetiere, Eier. Wahrscheinlich waren das die ersten Dinge, die wir Menschen zu zählen begannen. Andere Zahlen und Muster in der Natur sind etwas komplizierter und schwerer zu erkennen, Pi etwa oder die Zahlenfolge des Fibonacci, die eigentlich eine Spirale ist. Wenn man die Samen in einem Zapfen genau betrachtet, sieht man, dass sie ebenfalls spiralförmig angeordnet sind: fünf Spiralen in die eine Richtung und acht in die andere. Auch bei Sonnenblumen sind die Samen spiralförmig angeordnet: 21 in die eine Richtung, 34 in die andere. Zähl ruhig nach! Und wenn du das nächste Mal im Supermarkt einen genaueren Blick auf einen Kopf Romanesco (so eine Art Brokkoli) wirfst, kannst du auch dort die Fibonacci-Spiralen finden und nachzählen. Ein in mathematischer Hinsicht ganz erstaunliches Gemüse, das wie der Rest der Natur voller Zahlen und Muster steckt.

1, 1, 2, 3, 5, 8, 13, 21, 34, 55, 89, 144, 233, 377 ...

Apropos Fibonacci. Wenn man in der Schule etwas über dieses Phänomen lernt, kann das Gehirn ganz schön auf Touren kommen. Ich erinnere mich, dass ich als begeisterter Oberstufenschüler in den Achtzigerjahren auf einmal anfing, überall nach solchen Spiralen und Zahlenfolgen Ausschau zu halten. Und wer suchet, der findet, wie wir alle wissen. Blütenblätter von Blumen? Fibonacci. Muster auf Grunge-T-Shirts? Fibonacci. Ananas (äußerst beliebt in den Achtzigerjahren, sogar auf Pizza)? Fibonacci. Die Form von Ohren, Galaxien – alles. Fibonacci.

Und dann stellte sich auch noch heraus, dass auch der Goldene Schnitt, den wir im Fach bildende Kunst kennenlernten, mit der Fibonacci-Folge zu tun hat. Wir lernten, dass der Mensch den Goldenen Schnitt als etwas Schönes und Harmonisches wahrnimmt. Mithilfe eines Taschenrechners und eines Lineals fanden wir heraus, wie Kunstschaffende im Laufe der Geschichte den Goldenen Schnitt in ihren Kompositionen nutzten.

Vielleicht entwickelte unser Lehrer beim Thema Fibonacci irgendwann so was wie einen Tunnelblick (oder einen Spiralblick?). Da wir bei demselben Lehrer auch Sportunterricht hatten, bekamen wir eine fächerübergreifende Aufgabe: Wir sollten den Goldenen Schnitt an uns selbst messen. Der Länge nach. Und falls sich jetzt jemand fragt, was dabei herauskam: Bei den meisten lag der Goldene Schnitt ziemlich genau in der Mitte des Bauchnabels. Außer bei dem armen Kristian mit den langen Beinen.

Helge

Anthropologen zufolge entspringt das menschliche Zahlenverständnis unserer Faszination für unsere eigenen Hände – fünf Finger an jeder Hand. In vielen Gesellschaften wurde die Entdeckung »Eine Hand entspricht fünf Dingen« zu einer intellektuellen Superkraft, die die Entwicklung beschleunigte. Verrückt, was? Da guckte sich jemand seine Hand an, überlegte ein Weilchen, besprach das Ganze mit seinem Kumpel – und Simsalabim, wurde das Verständnis für ungefähr alles, von Zahlen über Handel bis hin zu genaueren Karten, mal eben kräftig angekurbelt. Es ist ausgesprochen intuitiv und einfach, mit den Fingern zu rechnen. Sowohl Kinder als auch Erwachsene tun es bis heute. Die Zahl der Finger und Zehen entwickelte sich auch zur Grundlage vieler Zahlensysteme (oder Ziffernsysteme, je nachdem) alter Kulturen, die eben genau auf den Zahlen 5 und 10 basierten. Genau wie der Wolfsknochen.

Mit der Entdeckung der Zahlen konnten wir Menschen einander plötzlich Mengen zeigen und miteinander verhandeln, Gewinne berechnen, Buch führen und sogar Steuern und Abgaben einführen. Im Rekordtempo entwickelten wir uns von anderen Arten weg. Zoologen glauben, dass auch einige andere Säugetiere bis drei oder vier zählen können, aber das sind Peanuts im Vergleich zu unseren Vorfahren, die plötzlich sowohl mit fünf als auch mit 5000 klarkamen.

Zahlen und das Verständnis von ihnen wurden unfassbar wichtig, als wir Menschen anfingen, Tauschhandel zu treiben, gesellschaftliche Strukturen schufen und immer dichter beieinander lebten. Die Fähigkeit, zählen zu können, ist auch eine Voraussetzung für Gier, Verhandlungen und Status. Will man es im Leben zu etwas bringen, muss man zählen und vergleichen können. Deshalb haben verschiedene Kulturen im Laufe der Zeit unterschiedliche numerische Systeme mit einem jeweils etwas anderen Rhythmus oder einer anderen Basis entwickelt. Unser Dezimalsystem oder das hinduistisch-arabische Zahlensystem, wie es auch genannt wird, hat als Grundrhythmus die 10. Das binäre Zahlensystem, mit dem alle modernen Computer arbeiten, fußt auf der 2. Hier wird alles als Kombination zweier Ziffern notiert: 0 und 1. Im urzeitlichen Babylon gab es interessanterweise ein Zahlensystem mit der 60 als Basis. Dieses System wurde für die Berechnung der Zeit relevant – Sekunden, Minuten und Stunden –, aber auch für das Messen von Winkeln in einem Kreis. In so gut wie jedem anderen Zusammenhang jedoch war das babylonische Zahlensystem reichlich unpraktisch. Es verfügte nicht einmal über ein Zeichen für null.

Im Laufe der Geschichte gab es eine ganze Reihe unterschiedlicher Zahlensysteme mit den Grundrhythmen fünf und zehn, basierend eben auf der Anzahl der Finger und Zehen, die der Mensch mit der Zeit an sich bemerkt hat. Eigentlich ist es intuitiv doch ganz einfach zu verstehen, wie diese ersten Zahlsysteme zustande gekommen sind, oder? Die römischen Zahlen basieren auf dem Grundrhythmus fünf: V steht für fünf und L für 50. Aber dieses Zahlensystem war gleichzeitig extrem kompliziert und schwerfällig. Ein Blick auf alte Uhren und Jahreszahlen genügt. Immerhin befinden wir uns in den MMXXer-Jahren!

Übrigens: Die Römer versetzten der Entwicklung der Zahlen und der Mathematik in der Welt einen mächtigen Dämpfer. Als sie in Griechenland einfielen, ging es ihnen um Macht, nicht um Zahlen. Das römische Zahlensystem war für das Zählen und Rechnen zu kompliziert, funktionierte aber einwandfrei, wenn man wissen wollte, wie viele Menschen man getötet hatte. Als die Römer Archimedes umbrachten und das römische Zahlensystem einführten, hat dies die Entwicklung sowohl der Mathematik als auch anderer Wissenschaften stark verlangsamt. Die römischen Ziffern wurden in ganz Europa verbreitet und waren über 500 Jahre lang das vorherrschende Zahlensystem. Fällt dir der Name eines berühmten römischen Mathematikers ein? Nein? Überrascht uns kaum bis gar nicht. Es gibt nämlich keinen.

Als Wirtschaftsprofessor betrachte ich Zahlen oft als eine Sprache, mithilfe derer man kommuniziert, plant und festlegt, wie Ressourcen geteilt, genutzt und gehandelt werden. Vor diesem Hintergrund ist es wirklich faszinierend, dass sich die Menschheit (oder zumindest der größte Teil davon) auf eine gemeinsame Art der Verwendung von Zahlen geeinigt hat. Ich meine, wie viele Sprachen gibt es auf der Welt? Ein Blick auf Wikipedia verriet mir, dass es mehr als 100 Sprachen sind, die von mindestens fünf Millionen Menschen gesprochen werden. Das sagt doch sicher etwas darüber aus, wie instinktiv wir Zahlen gebrauchen?

Ich persönlich bin nebenbei bemerkt nicht davon überzeugt, dass das heute verwendete Zahlensystem das bestmögliche ist. Besonders gut gefällt mir das Zahlsystem, das im Mittelalter von den Zisterziensermönchen in Frankenreich verwendet wurde und das verschiedene Zahlzeichen für Einer, Zehner, Hunderter und so weiter vorsieht. Jeder, der sich schon an komplizierteren Kopfrechenaufgaben probiert hat, weiß, dass es das schnellere und effizientere System ist.

Micael

Glücklicherweise ist das Römische Reich schlussendlich gefallen und die Leute durften endlich das viel vernünftigere hinduistisch-arabische dezimale Zahlensystem benutzen. So konnte die Innovationsfähigkeit des Menschen (und der Rechenbedarf) wieder blühen und gedeihen.

Und sie gedieh. Also, die Innovationsfähigkeit. Und wie.

Mithilfe der Zahlen und der Mathematik haben wir Menschen erstaunliche Dinge bewerkstelligt. Die Zahlen stecken ja wirklich hinter allem, von den Pyramiden und dem ersten Flug zum Mond bis hin zu jedem einzelnen Computer und Smartphone auf der Welt. An dieser Stelle kommen wir auf das zu sprechen, was die Zahlendemie gerade jetzt so gefährlich und wichtig macht. Den tödlichen Cocktail, wenn man so will: die Kombination aus der dem Menschen innewohnenden Faszination für und seine Abhängigkeit von Zahlen und der Tatsache, dass die Zahlen plötzlich von der Leine gelassen wurden und sich nun überall wiederfinden. Und die Zahlen haben Macht über dich, ganz egal, ob du Mathematik liebst oder hasst. Allen Zahlen und Zahlensystemen ist nämlich eines gemeinsam: Sie üben (und zwar schon immer) einen ganz enormen Einfluss auf die Gedanken, den Glauben und Aberglauben der Menschen aus.

> Entschuldige, aber es fällt mir ein bisschen schwer, die Frage, ob unser aktuell gängiges Zahlensystem vielleicht nicht das allerbeste ist, einfach abzuhaken. Vor einigen Jahren war ich auf einer Konferenz, wo zwei britische Informatikprofessoren ein neues System vorstellten, das sie »interaktive Zahlen« nannten. Das ist gar nicht so einfach zu erklären, ich habe es selbst noch nicht ganz durchschaut, aber grob gesagt geht es darum, dass digitale Zahlen (und

im Großen und Ganzen sind ja heutzutage alle Zahlen digital) sich, während wir sie eingeben, selbst korrigieren sollen, je nachdem, wie plausibel sie im Verhältnis zu anderen Zahlen sind, die wir zuvor eingegeben haben. Das Problem ist nämlich, dass wir so häufig Fehler machen (verglichen mit der Zeit, als wir Zahlen noch von Hand aufgeschrieben haben): Wir tippen die falsche Zahl, drücken versehentlich eine Taste zu lange und geben eine Zahl doppelt ein, lassen ein Leerzeichen aus, setzen ein Komma falsch und so weiter und so fort. Eine Messung der Augenbewegungen ergab, dass Menschen beim Eintippen von Zahlen 91 Prozent ihrer Aufmerksamkeit auf die Tastatur richten und nur 9 Prozent auf die Zahlen auf dem Bildschirm.

Die beiden Professoren illustrierten das mit einem Beispiel aus Norwegen: 2007 verlor Grete Fossbakken 500 000 Kronen, die sie auf das Bankkonto ihrer Tochter überweisen wollte; das Geld landete jedoch ganz woanders, weil sie dummerweise auf die falsche Taste gedrückt hatte. Offenbar passiert das in 0,2 Prozent aller Banktransaktionen (zusammengenommen ergibt das einen ganz schönen Haufen Geld ...). Ein anderes Beispiel ist der Brite Nigel Lang, der 2011 festgenommen wurde, weil er unter dem Verdacht stand, kinderpornografisches Material geteilt zu haben, allerdings fanden sich auf seinem Computer keine solchen Bilder. Irgendwann stellte sich heraus, dass die Polizei einen Tippfehler bei der IP-Nummer des gesuchten Computers gemacht hatte. Lang wurde später eine Entschädigung von 60 000 Pfund Sterling zugesprochen.

Micael

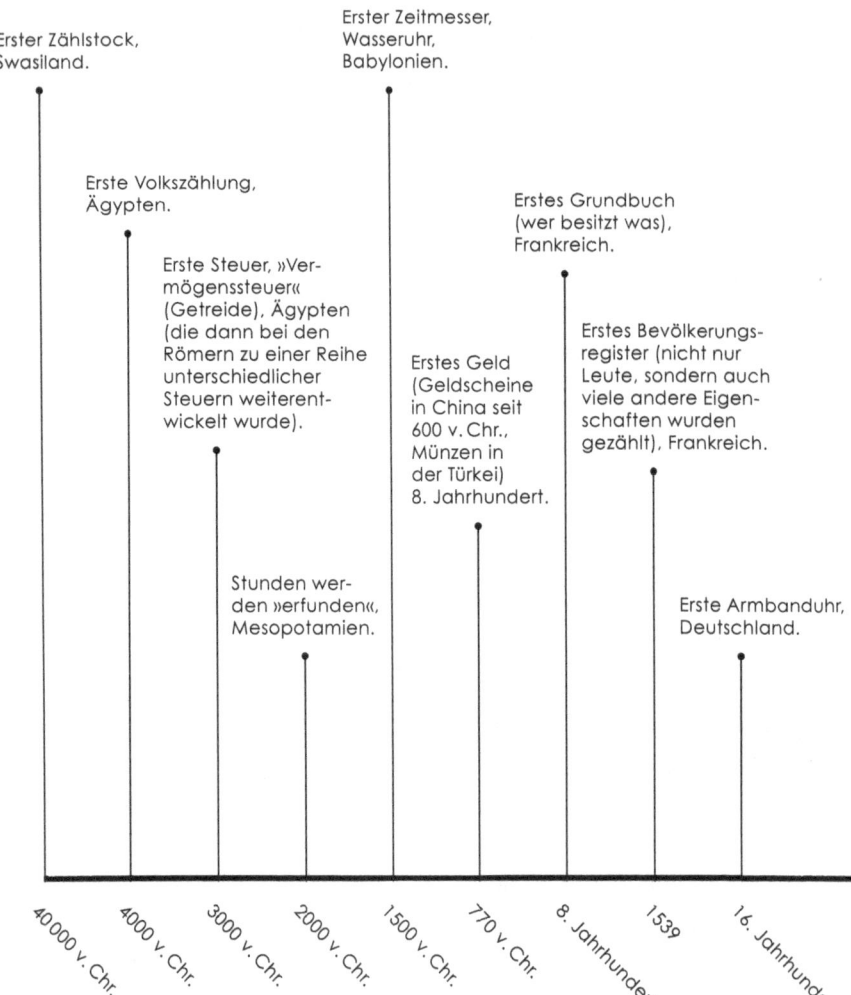

DIE GESCHICHTE DER ZAHLEN

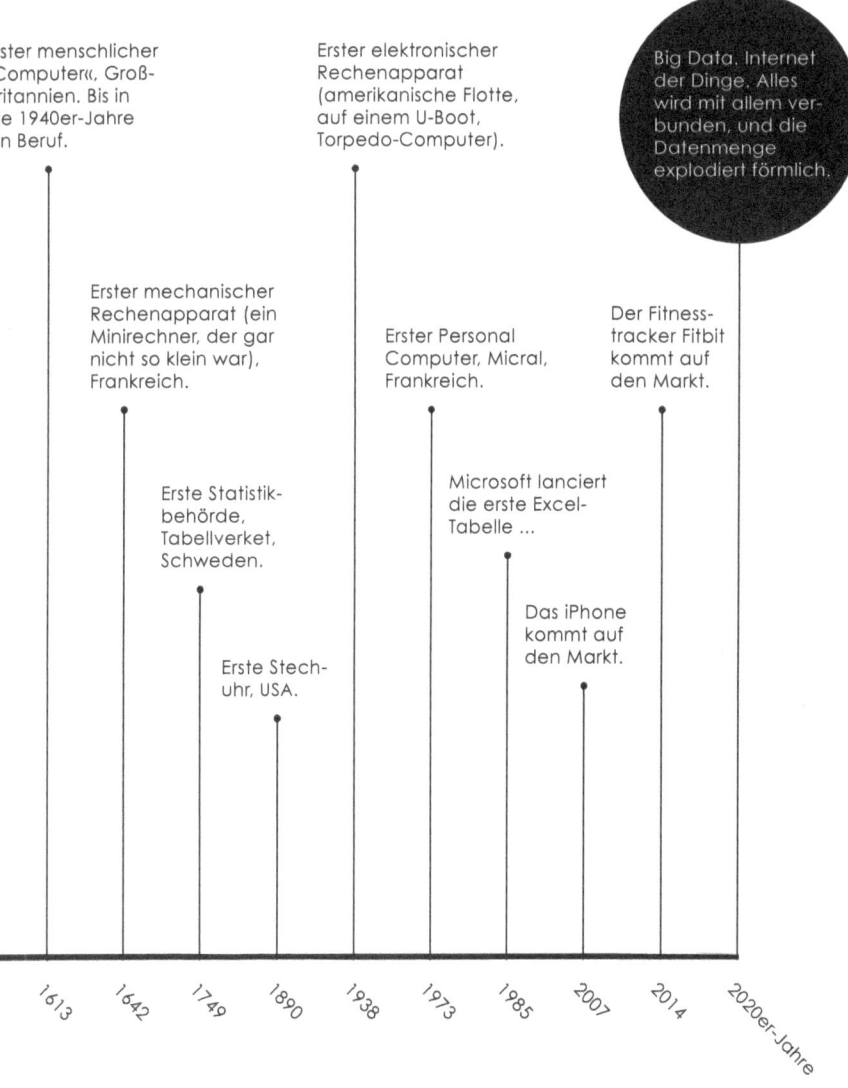

ZAHLENMYSTIK

Wir Menschen sehen überall Zahlen: in Worten, Zeichen, Namen, Wolken und in der Natur. Zusammenhänge finden wir überall dort, wo wir sie finden *wollen*, und wir schreiben Zahlen eine wichtige Bedeutung zu, ob sie nun in Nachrichtensendungen oder in Social Media vorkommen, in der Natur, den Pyramiden oder auf Lottoscheinen. Bestimmte Ziffern und Zahlen werden uns wichtig und sie bekommen eine ganz eigene Bedeutung und Symbolik.

Ein Paradebeispiel ist die Zahl 666 aus dem biblischen Buch der Offenbarung, die auch als die »Zahl des Tieres« bezeichnet wird. Im Laufe der Geschichte haben unzählige Menschen diese Ziffern mit verabscheuungswürdigen Personen ihrer eigenen Gegenwart verbunden und ihnen die Rolle des Antichristen höchstselbst zugewiesen.

Auch anderen Zahlen schreiben wir bestimmte Bedeutungen zu – die 13 bringt Unglück, die 3 ist heilig und 1000 ist viel. Einige Zahlen sind so eng mit bestimmten Vorgängen oder Begriffen verbunden, dass sie beinahe magisch wirken. Der Glaube an eine mystische oder heilige Verbindung zwischen Zahlen und Geschehnissen hat sogar eine eigene Bezeichnung: Numerologie. Wer den *Da-Vinci-Code* von Dan Brown gelesen oder den Film gesehen hat, erinnert sich: Ein Professor für Symbolik und eine Kryptologin lösen ein mathematisches Rätsel in Verbindung mit dem Mord an einem Kurator des Louvre. Der Film, der übrigens scharf von der katholischen Kirche kritisiert wurde, ist nur eine von unzähligen Darstellungen der Numerologie. Egal ob die Fibonacci-Reihe, die hebräische Lehre oder andere Ziffern- oder Zahlensysteme: In so gut wie allen Kulturen hat die Numerologie eine Rolle gespielt.

Die Geschichte ist voll von Ziffern und Zahlenmagie. Alchemisten, Philosophen, religiöse Oberhäupter und sogar Ärzte ließen sich von der mystischen Aura der Zahlen inspirieren. Beispielsweise geht man in der Traditionellen Chinesischen Medizin und ähnlichen Praktiken wie der Akupunktur von mystischen numerischen Zusammenhängen aus, als da wären »365 Körperteile, einen für jeden Tag des Jahres« oder »zwölf Bahnen, durch die Blut und Luft zirkulieren, entsprechend den zwölf Strömen, die durch das Reich der Mitte fließen«. Und auch wenn die Kirche sich vehement gegen die Numerologie ausgesprochen hat, findet sich Entsprechendes doch auch in der Bibel und in anderen religiösen Schriften. Beispielsweise haben die Zahlen 3 und 7 in der Bibel eine große spirituelle Bedeutung. Gott schuf die Welt in sieben Tagen. Jesus fragte Gott dreimal, ob er nicht doch um die Kreuzigung herumkomme, und er wurde zur dritten Stunde am Nachmittag gekreuzigt.

Auch im Islam und in der islamischen Astrologie wird die Numerologie oft verwendet, und auch hier spielt die Zahl 7 eine wichtige Rolle. Sieben war ursprünglich die Zahl der Planeten und ist die erste »ganze« Zahl, da sie sowohl aus 3 + 4 als auch aus 2 + 5 und 1 + 6 bestehen kann und somit auch die Summe der Punkte auf der gegenüberliegenden Seite eines Würfels bildet. Im Koran gibt es sieben Himmel, das erste Kapitel hat sieben Verse, die Pilger in Mekka umrunden die Kaaba sieben Mal und werfen sieben Steine auf eine hohe Mauer, die den Teufel symbolisiert.

Auch im Judentum und im Buddhismus ist die Numerologie seit Urzeiten eng mit der Religion verbunden. In der jüdischen Mystik, insbesondere in der Kabbala, nehmen Numerologie und Astrologie einen wichtigen Platz ein. Anhänger der Kabbala glaubten, dass das Alte Testament in einem von Gott inspirierten Code geschrieben wurde. Ihr System der Zahlenlehre war ein Versuch, den Text zu entschlüsseln.

Die Kabbala hat nicht nur christliche Mystikerinnen und Mystiker inspiriert, sondern auch neue kommerzielle New-Age-Bewegungen wie Philip Bergs »Kabbala«-Kult, zu dem sich auch Bekanntheiten wie Madonna, Guy Ritchie und Demi Moore bekannten.

Im Mittelalter entwickelte sich die »Wissenschaft« der Arithmologie, eine Art mit der Numerologie und der Macht und Symbolik der Zahlen verbundene philosophische Disziplin, die häufig von christlichen Geistlichen und Künstlern der damaligen Zeit betrieben wurde. In den Werken des italienischen Dichters Dante wimmelt es zum Beispiel nur so von Zahlenmustern und Zahlensymbolik. Seine berühmte *Göttliche Komödie* basiert größtenteils auf der Zahl 3 und der Dreifaltigkeit. Die Zahl 3 zieht sich durch das gesamte Werk: drei Teile, dreiunddreißig Lieder, dreiunddreißig Strophen, drei Verszeilen. Der Teufel hat drei Gesichter, drei Frauen beten für Dante, es gibt drei furchterregende Bestien und drei Reiche der jenseitigen Welt. Während des gesamten Mittelalters und der Renaissance wurde der Zahlenmystik ein hoher Stellenwert beigemessen und es wurden viele Bücher geschrieben, die sich entweder wie bei Dante auf Zahlen und Zahlensysteme bezogen oder die Arithmologie und Numerologie als eine Art Superwissenschaft entwickelten, die alle anderen Wissenschaften in sich vereinen sollte.

DER VATER DER ZAHLENDEMIE

Die historische Faszination des Menschen für sowohl Zahlen als auch Numerologie bezieht sich also anscheinend auf eine bunte Mischung aus Mathematik, Philosophie, Religion, Kunst, Astrologie und Mystik. Interessanterweise lassen sich viele dieser Ideen und Bewegungen auf einen einzigen Anstifter zurückführen: einen Mann namens Pythagoras.

Kommt dir das aus dem Matheunterricht noch bekannt vor? Den

meisten, die in der Schule Geometrie hatten, fällt der Satz der Pythagoras ein, bei dem es um die Seitenlängen in einem rechtwinkligen Dreieck geht. Nicht ganz so viele wissen, dass Pythagoras 500 Jahre vor Christus lebte, Mathematiker, Philosoph und Mystiker war – und eine ganze Bewegung und Denkschule gründete. Seine Überlegungen waren für die westliche Philosophie, Mathematik, Musik und Religion von enormer Bedeutung. Wichtige Philosophen wie Platon und Sokrates wurden von seinen Ideen inspiriert, aber auch Astrologen, Musiker und Anhänger der Kabbala. Pythagoras behauptete, dass im Grunde allen Dingen die Mathematik zugrunde liegt und dass alles als Zahl verstanden werden kann. Deshalb lehrte er mathematische Zusammenhänge in Bezug auf Musik, Geometrie und Astrologie, aber auch in Bezug auf die Natur, wie etwa die sieben Farben des Regenbogens und die fünf Klimazonen der Erde. Er predigte die Schönheit und Logik in aus ganzen Zahlen bestehenden Harmonien.

Pythagoras war schon zu Lebzeiten eine Legende und laut Aristoteles ein fast schon übernatürlicher Mensch. Deshalb sammelte sich schnell eine große Anhängerschar um ihn, die später als die Pythagoreer bekannt wurden. Diese Schüler, die asketisch und enthaltsam lebten und sich ganz der Mathematik, Musik und Astronomie widmeten, dachten sich allerlei mystische Sachen aus. Pythagoras' Anhänger Hippasos wurde zum Beispiel ertränkt, weil er der Meinung war, die Quadratwurzel aus zwei sei keine rationale Zahl, und seine Schüler interessierten sich auch sehr für den Unterschied zwischen ungeraden und geraden Zahlen.

Und vielleicht waren sie damit etwas auf der Spur. Neuere Untersuchungen auf dem Feld der numerischen Kognition, mit der wir uns gleich beschäftigen werden, haben gezeigt, dass gerade Zahlen als weiblich und weich, ungerade als männlich und hart empfunden werden. Mehrere Hundert Jahre vor Christus saßen also die Pythagoreer in ihren weißen, bodenlangen Gewändern zusammen und diskutierten über dasselbe Thema. Ungerade Zahlen waren männlich, gerade weiblich.

Allerdings waren die Pythagoreer, sicher alles Männer, der Meinung, dass die männlichen ungeraden Zahlen mit dem Hellen und Guten in Verbindung gebracht werden konnten, die weiblichen geraden Zahlen dagegen mit dem Dunklen und Bösen. Nur deshalb waren die geraden Zahlen mehrere Jahrhunderte lang nicht besonders beliebt. Für Platon waren gerade Zahlen ein schlechtes Omen, im Talmud gibt es einige Beispiele für die Anwendung ungerader und Vermeidung gerader Zahlen, auch Mohammed bevorzugte ganz offenbar ungerade Zahlen, und die ersten Mediziner und Ärzte verordneten ihren Patienten stets eine ungerade Anzahl Tabletten. Und welche Zahlen waren in den meisten Religionen noch mal die wichtigsten? Genau, die ungeraden 3 und 7.

Heißt das, dass wir solche Zahlen deshalb bis heute lieber mögen?

ZAHLEN, DIE WIR LIEBEN UND HASSEN

Gehörst du zu den Leuten, die mit der Fernbedienung zucken, wenn der Lautstärkebalken 43 zeigt anstatt 44 oder 42? Kommt dir die Zahl 20 vielleicht ruhiger und weicher vor als 19? Damit bist du nicht allein. Ungerade Zahlen werden von vielen als individualistischer, unruhiger und anstrengender wahrgenommen. Gerade Zahlen sind freundlich, unkontrovers und leichter zu verstehen. Die Zahl 10 ist gut, 11 knifflig. Untersuchungsergebnisse zeigen, dass ungerade Zahlen eine Herausforderung darstellen, weil das Gehirn etwas länger dafür braucht, sie zu verarbeiten. Gerade Zahlen fließen leicht ins Gehirn und werden schnell verarbeitet. Ungerade Zahlen bringen das Gehirn häufiger zum Stolpern.

Inzwischen wissen wir verhältnismäßig viel darüber, welche Zahlen das Gehirn mag und welche anstrengender sind. Zudem gibt es sowohl einfache als auch komplizierte Erklärungen dafür, weshalb wir Menschen verschiedene Zahlen unterschiedlich wahrnehmen. Eine umfassende Studie aus dem Jahr 2020 liefert eine etwas spezielle Erklärung dafür, warum wir teilbare Zahlen (wie 4) und unteilbare Zahlen, auch Primzahlen genannt (wie 5), so unterschiedlich erleben. Wir schreiben Zahlen nämlich menschliche Eigenschaften zu und verhalten uns entsprechend. Das ist ein bisschen wie mit bestimmten Gegenständen und Markenartikeln: Manche Gegenstände wirken auf uns männlich, andere weiblich. Manche Markenprodukte empfinden wir als raffiniert, andere eher als derb. Das Gleiche passiert, wenn es um Zahlen geht: Teilbare Zahlen haben Verbindungen zu vielen anderen Zahlen und werden als sozial empfunden, während unteilbaren Zahlen (Primzahlen) diese Verknüpfungen zu anderen Zahlen fehlen, weshalb sie als einsam wahrgenommen werden.

Die Forschung zeigt zudem, dass wir Produkte und Markennamen unterschiedlich bewerten, je nachdem, welche Zahlen mit ihnen verbunden werden. Nennt man ein Auto Audi A7, wird es in höherem Maße als unabhängig und individualistisch wahrgenommen. Nennt man dasselbe Auto Audi A6, wird es als weit sozialer empfunden. Und umgekehrt: Wenn du als Konsument allein bist, während du dich für etwas entscheiden sollst, ist die Wahrscheinlichkeit höher, dass du ein Produkt, eine Eigenschaft oder einen Preis mit einer teilbaren Zahl wählst, weil du dann ein größeres Bedürfnis danach hast, dich für etwas Soziales zu entscheiden. Tatsächlich bevorzugen alleinstehende Menschen soziale, gerade Zahlen. Komisch, oder? Aber hinreichend wissenschaftlich dokumentiert.

Und wie gesagt, belegen die Forschungsergebnisse genau das, was schon die Pythagoreer behaupteten: dass auch Zahlen ein Geschlecht haben. In einer berühmten Studie aus dem Jahr 2011 entdeckten zwei

Forscher von der Northwestern University in Chicago, dass gerade Zahlen in höherem Maße als weiblich und weich, ungerade Zahlen als männlich, selbstständig und stark empfunden werden. Die Forscher zeigten den Studienteilnehmern unterschiedliche ausländische Namen, bei denen man nicht von vornherein sagen konnte, ob es sich um einen Jungen- oder einen Mädchennamen handelt, und ordneten diese Namen dann geraden oder ungeraden Zahlen zu. Es zeigte sich, dass die Teilnehmer öfter davon ausgingen, dass es sich um weibliche Namen handelte, wenn diese mit einer geraden Zahl zusammen aufgelistet waren, und dass es sich um männliche handelte, wenn eine ungerade Zahl danebenstand.

In einer Folgestudie wurden den Teilnehmern eine willkürliche Auswahl Babyfotos gezeigt und anschließend jedem Baby eine Zahl zugeordnet. Wieder zeigte sich dasselbe Muster: Die Babys auf den Fotos, die einer geraden Zahl zugeordnet waren, wurden in einem hohen Maß für kleine Mädchen, solche, die einer ungeraden Zahl zugeordnet waren, für kleine Jungen gehalten. Die Teilnehmer neigten genau genommen sogar 10 Prozent mehr zu der Vermutung, dass dasselbe Baby ein Junge war als ein Mädchen, wenn sich das Bild neben einer ungeraden Zahl befand.

Es zeigt sich außerdem, dass wir Menschen unter all diesen weiblichen oder männlichen, einsamen oder sozialen Zahlen unsere Lieblinge haben. Vor einigen Jahren führte Alex Bellos, der Autor des Buches *Alex im Wunderland der Zahlen* und des Mathematik-Blogs des *Guardian*, im Internet eine Umfrage durch, um die Lieblingszahlen des Publikums zu ermitteln. Diese stichprobenhafte Untersuchung zeigte, dass ungerade Zahlen im Großen und Ganzen etwas beliebter sind als gerade. Obwohl wir Menschen also finden, dass die ungeraden Zahlen etwas unbequemer und anstrengender wirken, bevorzugen wir sie trotzdem. Warum? Vielleicht eben gerade weil die großen Weltreligionen, inspiriert von den Pythagoreern, schon immer den männlichen ungeraden Zahlen den Vorzug vor den weiblichen geraden gegeben haben. Eine Art Zahlen-Chauvinismus, sozusagen.

Welche Zahl wurde wohl weltweit zur Lieblingszahl auserkoren? Insgesamt 44 000 Personen sandten ihre Favoriten ein, grob die Hälfte davon waren Zahlen zwischen 1 und 10. Und gewonnen hat ... ta-da! Die 7. Angesichts der großen Verbreitung der 7 in fast allen Religionen und Kulturen ist das keine größere Überraschung. Die Zahl 7 kommt überall vor: sieben Tage, sieben Sünden, sieben Berge, sieben Brüder, sieben Märchen, sieben Schwestern, sieben Meere und sieben Weltwunder. Und sieben Zwerge, natürlich.

Und ja, auf dem zweiten Platz ist die 3 gelandet, die ebenfalls in den meisten Religionen fest verhaftet ist und sowohl Dreieinigkeit als auch Vollkommenheit symbolisiert und als heilige Zahl gilt. Eine kleine Überraschung, jedenfalls für uns in der westlichen Hemisphäre, ist die Drittplatzierte, das war nämlich die Zahl 8, vermutlich, weil sie in China als Glückszahl gilt. Die Glückszahl ist vielen Chinesen sehr wichtig, und genau deshalb begann die Eröffnungsfeier der Olympischen Sommerspiele 2008 in Peking acht Sekunden und acht Minuten nach acht Uhr am achten August (der in China buchstäblich der »achte Monat« genannt wird).

Die Zahl 0 stand zwar gar nicht erst zur Wahl, aber wäre das der Fall gewesen, hätte es den Wettbewerb erheblich verschärft. Seitdem der indische Mathematiker Brahmagupta im Jahr 628 die Zahl 0 in seinem Werk *Brahmasphutasiddhanta* (versuch mal, dir das zu merken!) offiziell vorgestellt hat, steht uns ein wunderbares Konzept dafür zur Verfügung, absolut gar nichts zu verstehen. Die 0 ist eben nichts, kein Jota. In die 0 haben wir uns so dermaßen verguckt, dass wir ihr sogar lauter Kosenamen verpasst haben, wie Zero, nada und nüscht. Selbst im Sport haben wir uns Wörter wie *duck* (Cricket), *nil* (Fußball) und *love* (Tennis) ausgedacht. Und *love* heißt schließlich Liebe.

NUMEROLOGIE UND IDIOTIE

Der Glaube an einen heiligen oder mystischen Zusammenhang zwischen Zahlen und Ereignissen existiert schon seit der Zeit vor Pythagoras, erscheint aber den meisten unabhängigen Denkern in der heutigen Zeit weit hergeholt und unverständlich. Trotzdem gibt es bis heute überall auf der Welt Numerologie-Fanatiker, und zu dem Thema werden unzählige faszinierende Selbsthilfebücher verkauft. Viele davon folgen der Logik, dass jeder eine auf eine bestimmte Weise berechnete persönliche Nummer hat (oder ist). Diese Zahl beeinflusst alles im Leben und sollte deshalb in jegliche Entscheidungen einfließen: wo man wohnt, welche Lottozahlen man spielt, wohin man reist, welches Hotelzimmer man wählt, wie man sein Kind und seine Katze nennt ...

Derartige Numerologiebücher bieten wirklich ausgezeichnete Unterhaltung. Hier ist ein kleiner Auszug aus dem Bestseller *Kleines Handbuch der Numerologie* von Glynis McCants, einer reichen und berühmten Numerologin, die schon in Fernsehsendungen wie 60 Minutes, The Ricki Lake Show und Dr. Phil zu Gast war.

> Sowohl meine Geburtstagszahl als auch meine Lebensaufgabenzahl sind eine Dreier-Schwingung, was mich zu einer doppelten 3 macht. Auf dieser Reise nahm ich Flug Nummer 33. Interessant, dachte ich. Dann setzte man mich in die 12. Reihe – Sie werden bald lernen, dass diese Zahl ebenfalls auf eine 3 reduziert wird. Als ich in meinem Hotel ankam, wurde ich in einem Zimmer im 21. Stockwerk untergebracht. Können Sie es erraten? Wieder eine 3. Auf dem Heimflug bekam ich im Flugzeug Sitz 30 – erneut eine 3 –, und ich fragte mich, was nur los sei. Und dann verkündete der Pilot auch noch, dass wir in einer Höhe von 33 000 Fuß

flogen. Ich musste laut lachen! Es ist wirklich faszinierend, wie oft die Energie der Zahlen mit uns spricht.

Jetzt ist es nicht gerade schwer zu verstehen, dass jemand, der ständig auf der Suche nach der 3 ist, diese auch überall im Leben entdeckt. Das Schwierige an Zahlen und Zahlenmustern ist ja gerade herauszufinden, welche willkürlich sind und welche systematisch oder gar absichtlich. Vielleicht neigen Menschen, und besonders »Numerologen«, verstärkt dazu, auch dort Zusammenhänge zu finden, wo es keine gibt? Nehmen wir etwa Dantes *Göttliche Komödie*, die wir bereits als Beispiel für ein Buch voller Zahlen und Zahlenmuster erwähnt haben. Außer den offensichtlichen Zahlenmustern in der Versform und in den Gesängen haben sowohl Numerologen als auch Akademiker eine Reihe auffällige Zahlenmuster und -zusammenhänge im Text gefunden. Hat Dante das alles mit Absicht gemacht, oder ist es teilweise einfach Zufall? In einem unterhaltsamen und gut geschriebenen Artikel mit dem Titel *Numerology and Probability in Dante* analysiert der Mathematikprofessor Richard Pegis diese Zusammenhänge und findet – vermutlich wenig überraschend –, dass die Muster ungefähr ebenso zustande gekommen wären, hätte Dante die Länge der Gesänge per Münzwurf bestimmt.

Es ist heutzutage zugegebenermaßen relativ leicht, sowohl die mittelalterliche Numerologie als auch die kommerzialisierte Selbsthilfe-Numerologie ins Lächerliche zu ziehen. Modern, aufgeklärt und intelligent, wie wir nun einmal sind, wissen wir es schließlich besser. Aber lebt nicht in jedem von uns ein kleiner, angeborener Numerologe? Vielleicht haben wir einen hinterhältigen Hang zur Numerologie im Gehirn, der uns dazu bringt, der Zahl 13 auszuweichen, Woche um Woche dieselben Lottozahlen zu tippen, zu glauben, dass ungerade nummerierte Babys männlich sind, die 3 und die 7 lieber zu mögen als die 4 und uns jeden Tag wieder von Zahlen bezaubern und verführen zu lassen.

Und weil es nun überall Zahlen gibt, werden wir von ihnen sowohl öfter als auch stärker beeinflusst als wir ahnen. Noch nie zuvor hat die Menschheit mehr Zahlen produziert. Exponentiell und digital. Ja, epidemisch. Die Zahlen stecken in allen Ecken und Winkeln deines Lebens, auch tief im Gehirn. Die Zahlen begleiten dich zur Arbeit, in den Urlaub, auf die Toilette und ins Bett.

Vielleicht haben sich die Zahlen sogar in deinen Körper geschlichen?

ZAHLEN UND KÖRPER

2

»**Nummer 45 ist nicht Nummer 23.**« So erklärte Nick Anderson von den Orlando Magic, wie er Michael Jordan sechs Sekunden vor dem Ende des Halbfinalspiels gegen die Chicago Bulls den Ball abjagen konnte. Ein historischer Augenblick. Er ereignete sich 1994, als Michael Jordan wieder in der Mannschaft spielte, mit der er vor seiner einjährigen Pause drei NBA-Meisterschaften nacheinander gewonnen hatte. Der beste Spieler der Welt war zur besten Mannschaft der Welt zurückgekehrt, und es war an der Zeit, sich den Titel zurückzuholen, den das Team in seiner Abwesenheit eingebüßt hatte. Doch stattdessen stahl Nick Anderson Jordan auf dem Weg zum allerletzten Wurf des Spiels den Ball. Anderson passte ihn seinem Mannschaftskollegen Horace Grand zu, der die letzten zwei spielentscheidenden Punkte für Orlando einfuhr. »Gegen die Nummer 23 hätte ich das nie geschafft«, sagte Nick Anderson in Bezug auf die Trikotnummer, die Michael Jordan bei den früheren drei Meisterschaften getragen hatte. Aber für sein Comeback hatte Michael stattdessen die Nummer 45 gewählt und war auf einmal nicht mehr der beste Spieler in der besten Mannschaft der Welt, und so schieden die Chicago Bulls bereits im Halbfinale aus.

In der folgenden Saison wechselte Michael zur 23 zurück und wurde wieder zum besten Spieler der Welt. Und die Chicago Bulls gewannen sowohl das Halbfinale als auch das Finale. Drei Jahre nacheinander.

Würde man behaupten wollen, dass Michael Jordan nur wegen der Trikotnummer der beste Spieler der Welt wurde, würde man den Zahlen vielleicht doch allzu große Bedeutung zuschreiben. Andererseits wissen wir ja inzwischen, dass wir Menschen dazu neigen, Zahlen eine große Bedeutung beizumessen, und in allen möglichen Zusammenhängen von ihnen beeinflusst werden. Der Sport als solches strotzt ja nur so vor Zahlen, nicht zuletzt in den USA, wo Statistiken über alles und jeden gesammelt werden.

Beispielsweise gibt es eine Zahlenstatistik darüber, dass Michael Jordan mit der Nummer 45 auf dem Trikot durchschnittlich 27,5 Punkte pro Match erzielte. Was auch gar nicht schlecht ist, aber doch bedeutend weniger als die 31,9 Punkte, die er mit der Trikotnummer 23 gemacht hatte. Außerdem gibt es eine Statistik darüber, dass Spieler mit kleineren Trikotnummern im Durchschnitt mehr Punkte pro Spiel erzielen als solche mit einer größeren Nummer. Im Unterschied zum Eishockey, wo das Verhältnis genau umgekehrt zu sein scheint. Laut Zahlenstatistik ist es in der Basketball-Liga NBA besser, eine Trikotnummer unter 50 zu haben (am liebsten 31, das ist nämlich die Trikotnummer mit dem höchsten Punkteschnitt), und in der Hockey-Liga NHL eine über 50 (hier hat den höchsten Punkteschnitt die Nummer 91). Beide Ligen haben jedenfalls gemeinsam, dass beinahe alle Spieler ungerade Zahlen auf dem Trikot den geraden vorziehen.

Und da wären wir dann auch schon wieder bei der Sache mit den ungeraden und geraden Zahlen, die eher als männlich beziehungsweise eher als weiblich wahrgenommen werden. Vor diesem Hintergrund kann man ja fast schon erwarten, dass so viele testosteronerfüllte Sportler ungerade Nummern wählen. (Die große Ausnahme dabei ist selbstverständlich die sehr nachgefragte Nummer 10 im Fußball, deren symbolischer Wert in die Höhe schoss, nachdem der legendäre Spieler Pelé sie zum ersten Mal auf dem Trikot trug, als Brasilien

1958 die Weltmeisterschaft gegen Schweden gewann. Pelé hatte diese Trikotnummer übrigens aufgrund eines Fehlers verpasst bekommen: Zu der Zeit entsprach die Nummer auf dem Trikot der Position des Spielers auf dem Platz, und die Nummer 10 war eigentlich für einen Stürmer vorgesehen, dabei spielte Pelé im Mittelfeld. Aber nach dem WM-Sieg weigerte sich Pelé, die Trikotnummer zu wechseln, und der Rest ist Geschichte.) Vielleicht sorgt die ungerade Nummer dafür, dass die Sportler nur noch mehr vor Testosteron strotzen? (Sportler*innen* neigen übrigens auch eher zu ungeraden Nummern, aber bei Weitem nicht so sehr wie ihre männlichen Kollegen.)

Es gibt noch keine Studie über den konkreten Zusammenhang von Zahlen und Testosteron, wohl aber Forschungsergebnisse, die zeigen, dass Zahlen uns tatsächlich auch auf rein körperlicher Ebene beeinflussen.

In diesem Kapitel wollen wir näher betrachten, wie die Zahlen sich buchstäblich in unserem Körper festsetzen und beeinflussen, wie stark wir sind, wie wir altern und uns bewegen. Einen primitiven Teil unseres Gehirns, den wir mit den anderen Tieren auf diesem Planeten gemeinsam haben, haben wir so umprogrammiert, dass er automatisch auf Zahlen reagiert. Ja, wir haben uns zu Zahlentieren entwickelt.

MAGISCHE ZAHLENSCHWELLEN

In einer Studie ließ man amerikanische College-Football-Spieler einen klassischen Krafttest durchführen, der von den Profispielern der NFL genutzt wird: Bankdrücken mit 102,27 Kilogramm. Warum genau dieses Gewicht? Das liegt daran, dass in Amerika das Gewicht in Pfund gemessen wird, und da kommt dann die doch deutlich rundere Zahl 225 heraus. Bei einem entsprechenden Test in Europa wären bestimmt 100 Kilogramm aufgerufen worden, was für uns eine schöne runde Zahl ist, aber die Amerikaner wären ihrerseits nie auf die Idee gekommen, die entsprechenden 220,7 Pfund zu nehmen.

Egal, die Collegespieler jedenfalls durchliefen den Test dreimal, im Abstand von je einer Woche. Wenig überraschend schafften sie beide Male im Durchschnitt etwa gleich viele Wiederholungen (oder anders gesagt: es gab keine wundersamen Kraftzuwächse innerhalb einer Woche). Was die Spieler jedoch nicht wussten: Bei einem Durchlauf betrug das Gewicht nur 215 Pfund – die Versuchsleiter hatten die Gewichte ausgetauscht und falsch beschriftet. Die Hälfte der Spieler bekam beim ersten Versuch die richtigen Gewichte und in der Woche darauf die leichteren, schaffte aber im Durchschnitt dennoch nicht mehr Wiederholungen (was vielleicht sogar eher als ein wundersamer Kraftverlust verstanden werden könnte). Die andere Hälfte durfte dagegen zuerst die leichteren Gewichte stemmen und im zweiten Durchgang die korrekten, schwereren, reduzierte aber keineswegs die Anzahl der Wiederholungen, sondern schaffte immer noch gleich viele.

Es machte keinen Unterschied, ob es 225 Pfund waren oder 215, sie waren jeweils genauso stark. Anscheinend können Zahlen schwerer wiegen als Eisen – mindestens zehn Pfund schwerer.

Dass Zahlen mitunter gewichtiger sind als Eisen, erklärt auch, warum es so viel schwerer ist, das Gewicht beim Bankdrücken von 97,5 auf 100 Kilogramm zu steigern als von 95 auf 97,5. Der Gewichtsunterschied ist derselbe, 2,5 Kilogramm, aber wenn eine 9 gegen eine 10 ausgetauscht wird, ist der Unterschied der Zahlen größer. Bestimmt ist dir das im Fitnessstudio auch schon einmal untergekommen? Das Phänomen wird oft *Sticking Points* oder magische Schwellen genannt, kaum überwindbare Grenzen, aber hat man den Schritt erst einmal geschafft, fällt es einem wieder erheblich leichter, sich zu steigern. Dabei geht es lediglich um Zahlen, nichts anderes. Die Zahlen entscheiden. In Europa hängen wir bei 100 Kilogramm fest. Das passiert Amerikanern eher nicht, die bleiben stattdessen bei 102,27 Kilo stecken, wie die College-Spieler in dem Versuch (oder aber schon bei 90,72 Kilo, was glatten 200 Pfund entspricht).

Mein großes Ziel war jahrelang, die 200-Kilo-Marke beim Kreuzheben zu knacken. Bis 190 Kilo konnte ich mich ganz regelmäßig steigern, aber dann war Schluss. Jedes Mal, wenn ich mich an die 200 heranwagte, war die Hantelstange wie mit dem Boden verschmolzen. Und jedes Mal reduzierte ich das Gewicht enttäuscht, bis ich wieder bei 190 Kilo landete und sie plötzlich problemlos vom Boden kam, mitunter sogar sage und schreibe dreimal nacheinander! Das machte ich recht lange (und probierte es mit wechselndem Erfolg auch mit den Gewichten dazwischen, mit 195 und 197,5).

Eines Tages fragte ich im Fitnessstudio, ob ich mich mal dazwischendrängeln dürfte, als jemand eine ewig lange Kreuzhebe-Einheit absolvierte. Das Gewicht auf der Stange hatte ich auf 180 Kilo zusammengezählt, was mir an dem Tag auch schwer genug schien. Eigentlich hatte ich vorgehabt, es drei- oder viermal zu reißen, aber mir kam die Sache so anstrengend vor, dass ich es bei dem einen Mal beließ. Als wir hinterher gemeinsam abbauten, erwiesen sich die Gewichte, von denen ich geglaubt hatte, es seien Zehn-Kilo-Scheiben, dann als Zwanziger (die blaue Farbe, die sie normalerweise am Rand kennzeichnet, war abgerieben, sodass sie aussahen wie die schwarzen Zehner). Da hatte ich also gerade 200 Kilo gestemmt ...

Micael

ZAHLEN UND ALTERN

Das Alter ist nur eine Zahl, heißt es oft. Und in dieser Redewendung scheint tatsächlich ein Körnchen Wahrheit zu stecken. Der Körper weiß nämlich nicht, wie alt er ist. Laut dem Anatomieprofessor Leonard Hayflick hat der Körper nicht einmal *ein* spezifisches Alter, sondern vielmehr mehrere Alter gleichzeitig. Der Körper besteht aus einer großen Menge Zellen, die sich in unterschiedlichem Takt teilen und erneuern. Dieser Takt unterscheidet sich in den verschiedenen Körperteilen und Organen und überdies von Mensch zu Mensch. Gemeinsam ist den Zellen nur, wie häufig sie sich erneuern können. Wenn hinreichend viele Zellen im Körper eine bestimmte Grenze erreicht haben, sterben wir, so Leonard Hayflicks Entdeckung (weshalb diese Grenze auch als Hayflick-Grenze bezeichnet wird).

Doch obwohl wir aus all diesen unterschiedlichen Zellen mit ihren jeweils unterschiedlichen Erneuerungstakten bestehen, altern die meisten in ungefähr dem gleichen Tempo, Jahr um Jahr. Die Erklärung ist vermutlich, zumindest teilweise, dass wir für das Bemessen unseres Alters die gleichen Zahlen anwenden – wir zählen die Jahre, die seit unserer Geburt vergangen sind.

Ob das auch tatsächlich so ist, lässt sich leider nicht testen. Denn um herauszufinden, ob wir im gleichen Takt altern, nur, weil wir das Alter mit den gleichen Zahlen bemessen, müssten wir Menschen, die ihr Alter nach Jahren messen, mit solchen vergleichen, die das nicht tun, und dann schauen, ob sie unterschiedlich altern. Aber das geht ja nicht. Gewiss gibt es Menschen, die ihr Alter nicht nach Zahlen bemessen, zum Beispiel das Volk der Mundurukú im Amazonasgebiet, das nur bis fünf zählen kann, aber es wäre furchtbar schwer, das Alter anhand der Zellen, die in ihrem unterschiedlichen Takt auf die Hayflick-Grenze zuticken, zu bemessen. Eine andere Methode wäre, Menschen vorzutäuschen, sie seien älter oder jünger, als sie es tatsächlich sind, und dann ihren weiteren Alterungsprozess zu beobachten, aber ein solches Experiment würde wohl keine Ethikkommission genehmigen.

Glücklicherweise sind wir Menschen ganz gut darin, uns selbst zu täuschen. Wenn wir überzeugt sind, wir hätten ein anderes Alter, als im Geburtstagskalender steht, nennt man dies das psychologische Alter. Es gibt mehrere Studien, bei denen die Wissenschaftler das psychologische Alter mit dem normalen Gehtempo des Menschen verglichen. Alle Studien zeigten dasselbe: Je kleiner die Zahl, mit der die Menschen ihr psychologisches Alter beziffern, desto schneller gehen sie. Das Interessante am Gehtempo ist, dass diese Größe normalerweise als einfacher epidemiologischer Indikator des biologischen Alters des Menschen und seiner verbleibenden Lebenszeit angewandt wird. Das Gehtempo wird nämlich vom Blutkreislauf über den Atemapparat bis hin zu den Muskeln, Gelenken und dem Skelett beeinflusst und funktioniert somit sozusagen wie eine Zusammenfassung der gesamten Lebenskraft eines Körpers. Das hat sich bei der Bestimmung der Lebensdauer von Hunderttausenden Menschen als sehr treffsicher herausgestellt. Mit anderen Worten: Je langsamer man geht, desto schneller holt einen der Tod ein.

Dass das psychologische Alter unser Gehtempo beeinflusst, könnte natürlich auch darauf zurückzuführen sein, dass diejenigen, die auch tatsächlich körperlich jünger *sind* (und nachweislich schneller gehen), sich genau deshalb auch jünger *fühlen*. Doch als Wissenschaftler in einer Studie das Gehtempo von Menschen unterschiedlichen psychologischen Alters miteinander verglichen, entdeckten sie, dass es zwischen diesen beiden Faktoren nur dann einen Zusammenhang gab, wenn die Menschen ihr Alter beziffern (und sich somit daran erinnern) sollten, *bevor* sie losgingen. Die Zahl für das psychologische Alter *führte* also überhaupt erst dazu, dass sie unterschiedlich schnell gingen. Das erklärt auch, warum Forscher herausgefunden haben, dass Versuchspersonen ihre Avatare in Online-Umgebungen passend zum steigenden Alter der Avatare langsamer steuerten und sogar selbst langsamer gingen, als sie hinterher den Versuchsraum verließen.

Studien mit Tausenden Menschen zeigen, dass das psychologische Alter genauso wie das kalendarische alles beeinflusst, das wir mit dem Altern verbinden: vom Gedächtnis über kognitive Funktionen bis hin zu physischer Gesundheit, Gebrechlichkeit und Sterblichkeit. Wie alt du bist und wie lange du lebst, wird also von der Zahl beeinflusst, mit der du selbst dein Alter bemisst. Buchstäblich.

Das erklärt, warum es sogar in Sachen Alter magische Grenzen gibt. Genauso, wie die Zahlen sich darauf auswirken, wie viele Wiederholungen wir im Sport schaffen, beeinflussen sie auch, wie schnell wir altern.

> Es ist ja kein Geheimnis, dass Älterwerden wehtut. Und dass wir Menschen schnell in einer Existenzkrise landen, wenn wir eine magische Zahl wie 30, 40 oder 50 passieren, auch nicht. Besonders Männer. Manche kaufen eine Harley-Davidson, manche stürzen sich in Affären und andere verwandeln sich in Trainingsjunkies.
>
> Meine Vierziger-Krise manifestierte sich in einem Marathon. Meinem ersten überhaupt. An einem warmen und sonnigen Tag in Stockholm. Und mit das Erste, was mir auffiel, war, dass an der Startlinie unheimlich viele Leute warteten, die genauso aussahen wie ich. Halbwegs verzweifelte 40 und 50 Jahre alte Männer. Einer trug sogar ein etwas zu kleines T-Shirt mit der Aufschrift »50 and still hot«.
>
> Nach einem unglaublich schmerzhaften Lauf (nie wieder!) rief ich, kaum dass ich wieder ins Hotelzimmer zurückgestolpert war, die Teilnehmerstatistik auf. Und ganz

richtig: Unter den Marathonis gibt es eine erstaunliche Häufung von Frauen und Männern im Alter von genau 30, 40 oder 50 Jahren. Bei den Männern ist das häufigste Alter 40, bei den Frauen 30. Und Läuferinnen und Läufer in einem runden Lebensjahr (30, 40, 50, 60) führen die Statistik geschlechtsunabhängig an. Eine Statistik über 2,3 Millionen Marathonteilnehmer zeigt sogar, dass Personen in einem runden Lebensjahr volle 13,3 Prozent überrepräsentiert sind. Ob die dann auch besser in Form sind, ist wieder eine ganz andere Frage.

Wie schnell ich war, verrate ich nicht, nie. Aber ich kann jedenfalls so viel erzählen, dass mich der leicht übergewichtige Mann mit dem engen »50 and still hot«-T-Shirt auf dem Endspurt im Stockholm-Stadion knapp geschlagen hat. Nicht gerade förderlich für mein Ego.

Helge

Rate mal, wann sich die Leute wohl am ältesten fühlen:

Wenn sie 42 werden?
Wenn sie 40 werden?

Wie reagieren wir eigentlich, wenn wir eine »magische« Zahl wie 40 oder 50 passieren? Fühlen wir uns auf einen Schlag viel älter? Entwickeln wir eine andere Sicht auf unseren Körper? Bei all den seltsamen Dingen, die so erforscht werden, sollte man meinen, dass sich jemand auch damit beschäftigt hat, oder? Hatte aber noch keiner. Also haben wir das übernommen, inspiriert vom Stockholm-Marathon.

Wir verschickten ein Frageformular an mehrere Hundert zufällig ausgewählte Personen aller Altersgruppen, mit dem wir abfragten, wie alt sie waren und wie alt sie sich eigentlich fühlten (das psychologische Alter), und darüber hinaus noch verschiedenes anderes hinsichtlich ihrer körperlichen Verfassung. Dann verglichen wir all diejenigen in einem runden Lebensjahr (30, 40, 50 Jahre und so weiter) mit Personen aller anderen Altersgruppen.

Und was haben wir herausgefunden? Erstens fühlen sich die meisten Menschen jünger, als sie eigentlich sind. Das psychologische Alter liegt durchgehend unter dem tatsächlichen. Sowohl bei den Jungen als auch bei den Alten. Das ist vielleicht nicht einmal so merkwürdig. Es gibt ein Bedürfnis danach, sich jung und vital zu fühlen. Im Durchschnitt ist unser psychologisches Alter 8,4 Jahre niedriger als unser physisches Alter, wir fühlen uns also erheblich jünger, als wir tatsächlich sind.

Das Lustige allerdings ist, dass Personen, die einen runden Geburtstag feiern, die also beispielsweise die 40er- oder 50er-Schwelle überschreiten, sich an genau diesem Geburtstag relativ gesehen älter fühlen als an anderen Geburtstagen. Subtrahieren wir das psychologische Alter von dem tatsächlichen, ergibt sich ein systematischer Unterschied zwischen denen, die einen runden Geburtstag feiern, und allen anderen. Diejenigen, die »nullen«, fühlen sich nämlich im Durchschnitt nur sechs Jahre jünger, als sie tatsächlich sind, mit anderen Worten also 2,4 Jahre älter als an allen anderen Geburtstagen. Und als wir danach fragten, wie alt sie ihrer Meinung nach im Kopf waren, nahmen sie sich Durchschnitt sogar als drei Jahre älter wahr als alle anderen.

> In der Woche vor dem 39. Geburtstag meiner Frau fragte ich sie, was sie an ihrem Geburtstag eigentlich machen wollte. »Ja, wir werden wohl auf jeden Fall groß feiern müssen, schließlich ist es ja ein runder«, antwortete sie. Als ich sie darauf hinwies, dass 39 wohl eher als eine unrunde Zahl durchgeht, hob sie die Augenbrauen und brach dann in

Lachen aus: »Und ich hab die ganze Zeit gedacht, ich sei schon 39!« Tags darauf sagte sie den Termin für den Sehtest ab, den sie ausgemacht hatte, um sich eine Brille verschreiben zu lassen.

Micael

Offenbar sind wir ziemlich auf unser Alter fixiert; seine Zahl beeinflusst uns. Aber macht es überhaupt Sinn, ein Menschenleben nach Jahren zu bemessen? Vielleicht wäre es schlauer, die *Tage* zu zählen? Ob das wohl unsere Sicht aufs Leben irgendwie verändern würde?

Auch das haben wir untersucht. Wir baten tausend Menschen darum, die durchschnittliche Dauer eines Lebens zu schätzen, und gaben ihnen mehrere Optionen zur Auswahl, entweder in Tagen oder in Jahren. Dann fragen wir sie, wie bedeutsam sie ihr Leben empfanden. So etwas sollte doch nicht davon beeinflusst werden, ob sie die Alternativen in Tagen oder in Jahren vor sich sahen, vor allem wenn die Zeit in beiden Fällen gleich lang ist, oder? Außerdem ist es doch wohl nicht die Dauer, die uns Bedeutung gibt, sondern womit wir das Leben füllen? Es stellte sich heraus, dass das auch wirklich keine Rolle spielte – jedenfalls nicht für diejenigen, die die Optionen in Textform (»dreißigtausend Tage«, »fünfundachtzig Jahre«) vorgelegt bekamen. Doch diejenigen, die die Alternativen in Zahlen vor sich sahen (»30 000 Tage«, »85 Jahre«), empfanden ihr Leben als bedeutsamer, wenn sie es in Tagen vor sich sahen anstatt in Jahren.

Unser tatsächliches Alter beeinflusst uns nicht nur bei runden Geburtstagen. Wir werden auch im Alltag immer wieder an diese Zahl erinnert (denn normalerweise ist es eben nur eine Zahl – wir sind 21, 47, 69 oder 85 Jahre alt), und das hat Konsequenzen.

Weiter oben berichteten wir von der Studie, in der gezeigt wurde, dass es unser Gehtempo beeinflusst, wenn wir daran erinnert werden, wie alt (oder jung) wir uns fühlen. Dabei ging es um das psychologische Alter, aber was passiert, wenn Menschen an ihr tatsächliches Alter erinnert werden? Eine solche Untersuchung gab es noch nicht, also haben wir selbst eine durchgeführt. Wir baten rund 2000 Personen, so viele Liegestütze zu machen, wie sie konnten. Die eine Hälfte sollte ihr Alter hinterher aufschreiben, die andere vorher – und sich somit also an ihr Alter erinnern, ehe sie die Liegestütze machte. Kaum verwunderlich, dass die Jüngeren mehr Liegestütze schafften als die Älteren. Im Durchschnitt lagen etwa 25 Prozent zwischen denen, deren Alter unterhalb des Durchschnitts lag, und denen, die älter waren. Das heißt: So war es, wenn sie ihr Alter *hinterher* aufschrieben. Wenn sie es aufschreiben sollten, *bevor* sie die Liegestütze machten, lag der Unterschied eher bei 50 Prozent. Die Erinnerung an ihr tatsächliches Alter vergrößerte den Unterschied zwischen Jüngeren und Älteren um fast das Doppelte (das Gleiche galt auch für die Beschreibung, wie anstrengend ihnen das Ganze vorkam).

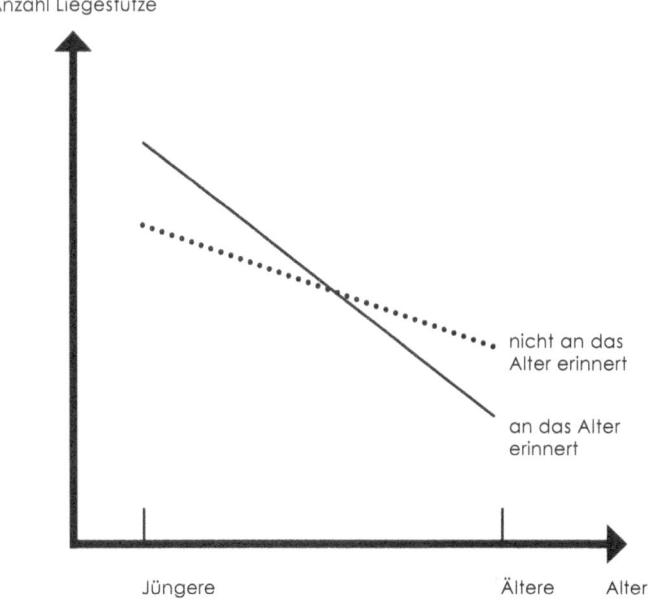

Auf individueller Ebene ist es sowohl lustig als auch beunruhigend, dass die Zahlen beeinflussen, wie wir altern und wie viele Liegestütze wir schaffen. Gesamtgesellschaftlich betrachtet jedoch wird es geradezu ungemütlich. Denken wir doch bloß an all die Gelegenheiten, bei denen wir heutzutage mit unserem Alter konfrontiert werden:

- Wann immer du zu etwas befragt wirst, sei es eine Marketingbefragung, eine Meinungsumfrage oder eine Volkszählung, wirst du höchstwahrscheinlich auch nach deinem Alter gefragt (und deine Antworten werden entsprechend eingeordnet und untersucht).
- Bei Bewerbungen schreibst du zuallererst dein Geburtsdatum auf, noch vor deinen Fähigkeiten, Berufserfahrungen und Interessen.
- In deinem Dating-Profil musst du dein Alter angeben, und bei der Betrachtung der Profile anderer wirkt das Alter wie ein Filter.
- Bei jeder ärztlichen Untersuchung musst du dein Geburtsdatum nennen, und auch sehr viele Apps im Gesundheitsbereich, die von Herzfrequenz über Stimmung bis hin zum Aktivitätslevel alles Mögliche tracken, fragen zunächst das Alter ab.
- In Reportagen und Interviews bekommst du das Alter der beschriebenen Personen gleich nach ihrem Namen in einer Klammer oder einem Infokasten genannt: »Eva (41) gewinnt *The Voice!*«
- Wer bei einem sportlichen Wettkampf – beispielsweise bei CrossFit-Games oder einem Rennen – teilnehmen möchte, wird in der Regel darum gebeten, sich in eine Altersgruppe einzuordnen.

Da verwundert es nicht, dass Altersdiskriminierung (*ageism*) zunehmend zum Problem wird, weil ältere Menschen von Bewerbungsverfahren über Castingshows bis hin zu Sportmannschaften überall benachteiligt werden, und dass wir riskieren, uns langsamer, schwächer und weniger fit im Kopf zu fühlen – und es auch tatsächlich zu sein! –, wenn wir uns ständig mit unseren eigenen zunehmenden

Lebensjahren und dem Alter der anderen befassen. Mit jedem runden Geburtstag scheint die Kluft zwischen den Altersgruppen zu wachsen, sodass wir einander immer fremder werden und dazu neigen, weniger miteinander zu tun haben zu wollen. (Übrigens: Ist es nicht bemerkenswert, dass in einer Dating-App eine 37-jährige Person eher dazu neigt, sich gegen eine 41-jährige Person zu entscheiden, als eine 31-jährige gegen eine 38-jährige?). Eine groß angelegte Metastudie aus dem Jahr 2020 mit mehreren Millionen Teilnehmern in 45 Ländern zeigt, dass Altersdiskriminierung den Zugang älterer Menschen zu Arbeit und Fürsorge systematisch einschränkt und zu reduziertem Umgang mit anderen Menschen, vermehrten gesundheitlichen Problemen körperlicher und seelischer Natur sowie einer verkürzten Lebenserwartung führt.

BLAME IT ON THE SNARC

Dass die Zahlen Kraft und Alter unseres Körpers beeinflussen, ist ein Beispiel für die Psychosomatik: Zahlen bringen uns dazu, unser Denken (*psycho*) zu verändern, was sich auf den Körper (*soma*) auswirkt. Doch die Zahlen beeinflussen uns bereits, bevor wir überhaupt an sie denken – ganz automatisch.

Niedrige Zahlen zwischen 1 und 4 bringen uns dazu, uns unwillkürlich eher nach links zu bewegen, während höhere Zahlen zwischen 6 und 9 uns eher dazu verleiten, uns nach rechts zu bewegen. Es gibt eine ganze Menge unterhaltsamer Experimente, die das belegen. Beispielsweise sollten Menschen beim Spazierengehen irgendwelche beliebigen Zahlen aufsagen und bekamen dann plötzlich die Anweisung abzubiegen – die Richtung blieb ihnen überlassen. Diejenigen, die kurz vor der Anweisung eine niedrige Zahl aufgesagt hatten, neigten dazu, links abzubiegen, und diejenigen, die gerade eine höhere Zahl genannt hatten, nach rechts. In gleicher Weise tendierten diejenigen, die kürzlich links abgebogen waren, eher dazu, erneut eine niedrige Zahl zu äußern, während diejenigen, die rechts abgebogen waren, eine höhere wählten. Der gleiche Effekt zeigt sich auch bei der Geschwindigkeit, mit der man sich in unterschiedliche Richtungen bewegt, egal ob im Gehen, Rennen oder beim Fangen eines Gegenstands.

Unsere Fähigkeit, etwas mit der Hand zu fangen, wird ebenfalls von Zahlen beeinflusst, und zwar egal, ob es von links oder rechts kommt. Hand- und Fingermuskeln reagieren nämlich vollautomatisch, wenn wir Zahlen sehen und hören. Niedrigere Zahlen bewirken, dass sich die Hände ein wenig zusammenziehen, höhere dagegen, dass sie sich etwas öffnen. Das hat man sowohl getestet, indem man mittels Elektroden Muskelaktivitäten an den Händen gemessen hat, als auch, indem man Versuchsteilnehmern Gegenstände zugeworfen und geschaut hat, ob sie es schaffen, diese zu fangen.

Die Wissenschaft bezeichnet all diese zahlengesteuerten Bewegungsmuster, die sowohl den Körper als auch die Blickrichtung beeinflussen, als SNARC, was das Akronym von *Spatial-Numerical Association of Response Codes* ist. Dazu gehört auch unsere Neigung, an niedrigere Zahlen zu denken, wenn wir uns rückwärts bewegen, und an höhere, wenn wir uns vorwärts bewegen, und dass wir uns angesichts hoher Zahlen schneller aufwärts bewegen (oder an sie denken, wenn wir uns aufwärts bewegen), während wir uns mit niedrigen Zahlen schneller abwärts bewegen beziehungsweise gehen.

SNARC weist daraufhin, dass das räumliche Denken des Menschen und seine Vorstellung von Zahlen zusammenhängen. Und jetzt wirds richtig interessant, denn was Raum und Zahlen miteinander verbindet, ist ein kleiner Teil des Gehirns genau hinter dem Frontallappen,

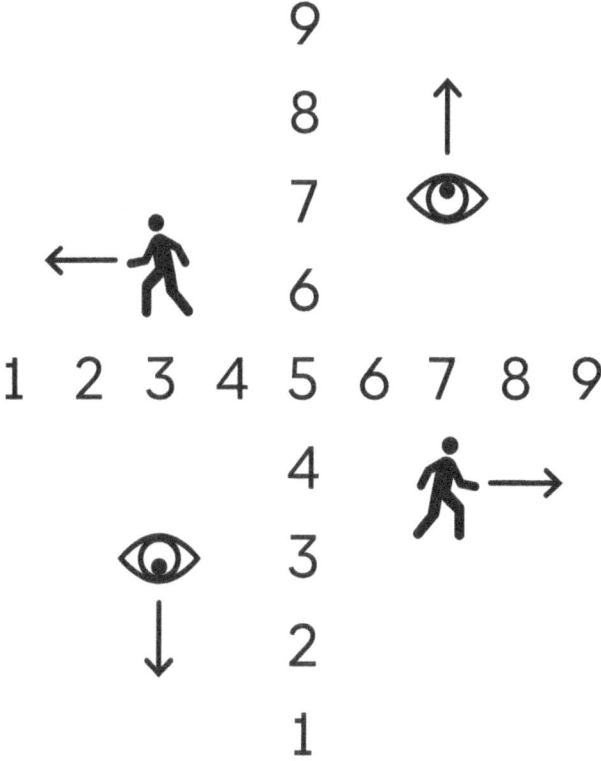

der IPS (kurz für englisch *intraparietal sulcus*, lateinisch *Sulcus intraparietalis*) genannt wird. Anhand von Gehirnscans wurde gezeigt, dass der IPS aktiviert wird, wenn wir Zahlen sehen und an sie denken, aber auch, wenn wir Tiefe und Abstand einschätzen. Dasselbe gilt, wenn wir unsere Aufmerksamkeit in unterschiedliche Richtungen lenken. Und wenn wir uns bewegen und reflexartig mit den Händen reagieren.

Zwischen Zahlen und mehreren körperlichen Aktivitäten gibt es also einen neurologischen Zusammenhang, und wir reagieren mehr oder weniger instinktiv auf sie. Manchmal werden die Gehirnzellen im IPS in der Forschung auch Zahlenneuronen genannt; sie scheinen extra dafür bestimmt, auf Zahlen zu reagieren und tun dies im Bruchteil der Zeit, die wir für eine Reaktion auf Wörter benötigen.

Vermutlich hat das damit zu tun, dass unser Gehirn Zahlen mit unseren angeborenen Überlebensinstinkten verknüpft. Wir werden mit der Fähigkeit geboren, unterschiedliche Quantitäten in Form verschiedener Größen und der Anzahl der Dinge in unserer Umgebung zu unterscheiden. Vier Tage alte Säuglinge scheinen bereits den Unterschied zwischen großen und kleinen Bauklötzen zu erkennen und in der Lage zu sein, zwischen ein und zwei oder zwischen zwei und drei Klötzen zu unterscheiden. Im Alter von sechs Monaten beginnen wir, eine Anzahl übertragen zu können, sodass Babys, die drei Trommelschläge hören, automatisch den Blick eher auf ein Bild mit drei Punkten richten als auf eines mit zwei Punkten. Sie reagieren außerdem unmittelbar darauf, wenn die Anzahl der Bauklötze vor ihnen oder die Größe der Gegenstände in ihrem Blickfeld verändert wird. Affen tun dies ebenfalls, Katzen auch. Es gab mehrere sehr lustige Experimente dazu, bei denen Affen und Katzen zwei Bälle gezeigt wurden. Anschließend stellten die Forscher einen Sichtschutz davor und nahmen einen Ball weg oder legten einen dazu. Als der Sichtschutz dann wieder entfernt wurde, sahen die Affen und Katzen beinahe schockiert aus und schienen ihren Augen nicht zu trauen. Die Fähigkeit, auf Anzahl und Größe zu reagieren, konnte den Unterschied zwischen Leben und Tod bedeuten, etwa wenn es darum ging, Feinde oder den Zugang zu Schutz und Nahrung einzuschätzen.

Das würde erklären, warum wir Menschen nicht als Einzige rechnen können. Es scheint beinahe ein tierischer Instinkt zu sein. Forscher haben es geschafft, sowohl Affen als auch Katzen, aber auch Tauben und (na klar, die Lieblingstiere aller Laboranten) Ratten beizubringen, wie man etwa zwei Objekte und noch zwei zusammenzählt, ehe sie diese auffressen durften. Irene Pepperberg, Wissenschaftlerin in Harvard, gelang es sogar, ihrem Graupapagei Alex nach mehreren Jahren Training beizubringen, bis sechs zu zählen. Doch während Alex und die anderen Tiere die Anzahl von etwas (Bälle, Kerne, Pfiffe, Worte) bestimmen, unterscheiden wir Menschen uns ab dem Alter von vier Jahren zunehmend von ihnen, indem wir die ureigene Fähigkeit entwickeln, Zahlen anzuwenden und immer gleich auf sie zu reagieren. Schon zu diesem Zeitpunkt, lange bevor die meisten lesen und schreiben können, fangen wir nämlich an, Zahlen zu lernen, sie mit den Fingern, an denen wir sie abzählen, in Verbindung zu bringen und dadurch besondere Zahlenneuronen in dem Teil unseres Gehirns zu bilden, der die tierischen Instinkte für die Reaktion auf Anzahl und Größe steuert. Mit anderen Worten: Wir programmieren das Gehirn darauf, automatisch und blitzschnell auf Zahlen zu reagieren, als ginge es um Leben und Tod, ganz egal ob das objektiv gerade der Fall ist.

Vor diesem Hintergrund ist es vielleicht nicht mehr so seltsam, dass Zahlen uns körperlich beeinflussen und uns sowohl stärker als auch schwächer, jünger und älter machen können und uns dazu bringen, uns in unterschiedliche Richtungen zu bewegen. Oder dass Zahlen uns auf so vielerlei Weise beeinflussen, in so vielen unterschiedlichen Zusammenhängen, ohne dass wir uns dessen überhaupt bewusst sind. Und dass Zahlen genauso schaden wie sie helfen, weil sie instinktive, tierische Reaktionen mit Dingen verknüpfen, die eigentlich nie dafür gedacht waren, mit ihnen verbunden zu werden.

EIN, ZWEI, DREI – VIELE?

Zahlen vermitteln uns zudem ein Gefühl für Veränderungen und Unterschiede, die wir sonst nicht wahrnehmen würden. Nehmen wir beispielsweise das Volk der Mundurukú im Amazonasgebiet, das nur bis fünf zählen kann. Anthropologen haben die Mundurukú besucht und sie gebeten, Rechenaufgaben zu lösen, etwa den größeren oder kleineren zweier Kornhaufen zu wählen. Solange keiner der Haufen mehr als fünf Körner hatte, ging das gut, aber sobald es mehr waren, fiel den Befragten die Entscheidung erheblich schwerer. Da musste einer der Haufen dann schon doppelt so groß sein wie der andere, sprich, der Unterschied deutlich sichtbar sein, damit sich die Befragten sicher waren. Das Gleiche war der Fall, als die Forscher Körner von einem Haufen wegnahmen oder zu einem hinzufügten: Wenn der Haufen aus mehr als fünf Körnern bestand, waren sich die Mundurukú nicht mehr sicher, was da mit dem Haufen passiert war.

In einem anderen Teil des Amazonasgebiets lebt das Volk der Pirahã, dessen Angehörige nur über Zahlen für eins und zwei verfügen. Als Anthropologen ihnen ein Papier mit einer bestimmten Anzahl Striche zeigten und sie dann baten, genau dieselbe Menge Striche aufzuzeichnen, ging das ganz hervorragend, solange es sich nur um einen oder zwei Striche handelte. Danach wurde es schwerer, und nur noch die Hälfte konnte fünf Linien zeichnen.

Bei einem anderen Versuch legten die Forscher Nüsse in eine Blechbüchse und hielten die Büchse so, dass die Teilnehmer sehen konnten, wie viele Nüsse darin waren. Dann stellten die Forscher die Dose hin (sodass man die Nüsse auf dem Boden nicht mehr sehen konnte) und nahmen immer eine Nuss nacheinander heraus. Sie baten die Versuchsteilnehmer, Bescheid zu sagen, wenn sie glaubten, dass die Büchse leer war, was alle schafften, solange es sich um eine oder zwei Nüsse handelte. Bei fünf Nüssen jedoch konnten nur vier von 19 Teilnehmern sagen, wann die Dose leer war, und bei sechs Nüssen gab nur einer von zehn die richtige Antwort.

Auch wenn wir nicht wissen können, ob die Munduruku langsamer altern als wir, denn sie zählen ihre Lebensjahre ja nicht ab, können wir wohl mit verhältnismäßig großer Sicherheit sagen, dass weder sie noch die Pirahã unter der bei uns so verbreiteten Angst vor dem Älterwerden leiden. Denn selbst wenn sie ihr Alter genau wie wir nach Jahren bemessen würden, würden sie immer ungefähr fünf bleiben und danach keinen großen Unterschied mehr feststellen. Außerdem würden sie sich auch keinen Stress wegen Likes bei Instagram machen oder gierig nach immer mehr Nüssen werden, weil sie ihre Zahlenneuronen nicht darauf programmiert haben, zu zählen oder die Mengenunterschiede zu erkennen.

Apropos zählen, wie war das noch mit Michael Jordan und den unterschiedlichen Punktzahlen, die er mit verschiedenen Trikotnummern erzielte?

Die plausibelste Erklärung dafür, warum er mit der Trikotnummer 45 weniger Punkte machte, dürfte wohl die sein, dass er sie trug, nachdem er ein Jahr lang pausiert hatte und etwas eingerostet war, und dass er sich wieder ordentlich warmgespielt hatte, als er zurück zur Nummer 23 wechselte und somit wieder der beste Basketballer der Welt werden konnte.

Einige Lehren aus diesem Kapitel können wie eine kleine Impfung gegen die Wirkung der Zahlen wirken:

1. Wir sind Zahlentiere und werden von Zahlen beeinflusst, ob uns das bewusst ist oder nicht. Geh deshalb achtsam damit um, sowohl zu deinem eigenen Wohl als auch zum Wohle anderer.

2. Nimm dir einen Augenblick Zeit zum Nachdenken, wenn du instinktiv auf Zahlen reagierst. Was bedeuten diese Zahlen eigentlich? (Es geht heutzutage nur noch selten ums Überleben.)

3. Erinnere dich daran, dass es in Wirklichkeit keine magischen Zahlenschwellen gibt, dass der Unterschied zwischen 39 und 40 genauso groß ist wie der zwischen 38 und 39 oder der zwischen 33 und 34.

4. Lass die Zahlen nicht über dein Alter oder deine Stärke entscheiden – und erst recht nicht darüber, wer du bist. Das tun sie nämlich, wenn du es zulässt. Bestimme stattdessen selbst über deine Zahlen.

5. Wenn du das nächste Mal Basketball spielst, entscheide dich für ein Trikot mit einer so niedrigen Nummer wie möglich, um gegen den Linksdrall anzukommen – und ein wenig höher zu dribbeln. Sollte klappen.

Wir hoffen, dass du mit dieser kleinen Dosis Zahlenimpfstoff die Auswirkungen auf dein physisches Ich und das der anderen besser wahrnehmen und besser damit umgehen kannst. Und wenn wir schon beim Bewusstsein sind – schon mal darüber nachgedacht, wie sich Zahlen auf deine Psyche auswirken?

Das wollen wir uns doch gleich mal anschauen ...

ZAHLEN UND SELBSTBILD

3

Am 17. April 2020 essen der 18-jährige Noor Iqbal und sein Vater in ihrem Haus in Noida außerhalb von New Delhi zusammen zu Mittag. Anschließend geht der Vater Gemüse einkaufen. Als er wieder nach Hause kommt, ist er ausgesperrt; die Haustür ist von innen verriegelt. Mithilfe der Polizei bricht er die Tür auf und findet Noor tot vor. Die polizeiliche Untersuchung ergibt später, dass der Teenager aufgrund von zu wenigen Likes zu seinen TikTok-Videos deprimiert gewesen war und Suizid begangen hat.

Dieses tragische Ereignis mag wie ein bizarrer Einzelfall wirken, ist es aber leider nicht. Chloe Davidson aus Lanchester in England war 19 Jahre alt und wollte Fotomodell werden, bis sie sich im Dezember 2019 das Leben nahm, weil sie nicht genug Likes für ihre Fotos bekommen hatte. Es gibt eine ganze Reihe solcher Beispiele, und auch wenn sie zum Glück eher selten sind, zeigen sie doch, was schlimmstenfalls passiert, wenn die Beurteilung anderer so ausgesprochen sichtbar, öffentlich und messbar wird.

In den USA machen Suizide 13 Prozent aller Todesfälle unter Jugendlichen aus, und die neue Währung in Social Media in Form von Likes, Herzen, Shares, Retweets, Treffern und Followern spielt in vielen dieser Fälle eine Rolle. Nun kann ein Mangel an Likes allein einem Menschen wohl kaum die Lebensfreude rauben, aber eine solch extreme Quantifizierung von Beliebtheit und (Selbst-)

Wert führt mitunter zu einer Verstärkung von ohnehin schon ungünstigen psychologischen und sozialen Mechanismen. Auf sowohl zerbrechliche als auch übersteigerte Selbstbilder wirkt die Anzahl der Likes wie ein gewaltiger Verstärker, binnen Stunden oder gar Minuten kann sie ein Ego zerschmettern oder aufpumpen. Die Konfrontation mit der Zahl der eigenen Bewertungen führt dazu, dass sich die Schwachen noch schwächer, die Starken umso stärker fühlen.

Auf Facebook, nach wie vor das größte soziale Netzwerk der Welt, werden pro Tag über fünf Milliarden Likes generiert, was vier Millionen Likes pro Minute entspricht. Auf Instagram »liken« wir jede Minute fast zwei Millionen Bilder von Freunden und Bekannten. All diese Bilder und Posts werden unmissverständlich und schonungslos mit einer Anzahl von Likes, Herzen und Shares versehen, sodass alle Welt sehen kann, wie beliebt oder unbeliebt wir und unsere Urlaube, Kinder, Freizeitinteressen, Mittagessen und Strandkörper so sind.

Aber was machen diese Zahlen mit dem Selbstbild und dem Selbstbewusstsein? Und was ist eigentlich mit all den anderen Zahlen, mit denen wir auch außerhalb von Social Media unablässig gefüttert werden? Was machen der Kontostand deines Gehaltskontos, die Anzahl deiner Bonuspunkte, dein Puls und deine Schrittzahl mit dir? Über verschiedene Apps und digitale Schnittstellen werden wir rund um die Uhr mit Informationen über unsere eigenen Zahlen, Erfolge und gemessenen Leistungen versorgt. Beeinflusst das unser Selbstbild und unsere Identität mehr, als uns bewusst ist?

PULS UND GELD

Früher, vor unfassbar langer Zeit, vor dem Internet, smarten Telefonen und all dem anderen miteinander verbundenen Kram, standen uns für die Bemessung unserer selbst und anderer Leute weit weniger Zahlen und quantifizierbare Größeneinheiten zur Verfügung. Wir wussten, wie alt jemand war, wie viele Kinder die Person hatte, kannten die Anzahl ihrer Arme und Beine, aber um die anderen Eigenschaften zu ermitteln, galt es meistenteils zu schätzen, zu raten oder miteinander zu diskutieren. Genauso standen uns auch weniger harte Fakten über uns selbst zur Verfügung. Wir wussten in der Regel weder, wie viele Leute unsere Katze mochten, noch wie viele Schritte wir gegangen waren oder wie vielen Kolleginnen und Kollegen genau eigentlich die Kolumne gefiel, die wir für die Zeitung schrieben. Wir lebten im Hinblick auf unsere Selbstbewertung fast völlig im Dunkeln.

Eine Zahl jedoch gab es – eine sehr wichtige Skala, an die sich alle hielten und anhand derer wir sowohl die Nachbarn als auch uns selbst bewerteten. Eine wichtige quantifizierbare, sozial sichtbare und handfeste Größe, die uns schon seit Jahrhunderten begleitet: Geld.

Geld war schon immer leicht zu vergleichen, zu messen und den Menschen wichtig. Geld verleiht seit jeher Status, Selbstbewusstsein und soziales Kapital und ermöglichte im Laufe der Geschichte Vergleiche zwischen allen möglichen Personen. Das ist den Likes in den sozialen Medien gar nicht so unähnlich. Genau deshalb lohnt es sich, einmal genauer auf die Forschung bezüglich der psychologischen Effekte des Geldes zu blicken, wenn wir ein Verständnis dafür entwickeln wollen, wie sich *andere* quantitative Größen und selbstreferenzielle Zahlen auf uns auswirken.

Schon allein Geld zu sehen oder daran zu denken beeinflusst uns nämlich vielfältiger, als wir glauben. Schon der Anblick einer Abbildung von Geld, das Anfassen von Geld oder sogar von Spielgeld macht etwas mit dem Denken und Verhalten der Menschen. Jahrzehntelange Forschung über den Einfluss des Geldes – bei der das Verhalten von Personen, die an Geld erinnert wurden, im Vergleich zu anderen, die nicht daran erinnert wurden, untersucht wurde – zeigt deutlich, dass Geld uns Menschen dazu bringt, mehr auf uns selbst fokussiert zu sein, uns stärker zu fühlen und mehr Selbstvertrauen zu entwickeln. Personen, die mit Geld in Berührung gebracht werden, haben das Gefühl, mehr Kontrolle über ihr Leben zu haben, selbstständiger und weniger auf andere Menschen angewiesen zu sein. Es gibt sogar Studien, die belegen, dass Geld die Angst vor dem Tod mindert. Personen, die Geld sehen und anfassen dürfen (und zwar sowohl echtes Geld als auch Spielgeld), empfinden weniger Angst vor dem Tod als solche, die nicht mit Geld in Berührung gebracht werden.

Wenn wir Geld sehen und anfassen dürfen, kann das auch unsere Bereitschaft zu helfen mindern. Wir entwickeln eine eher geschäftsmäßige Weltsicht und werden gefühlskälter. Willkürlich ausgewählte Personen, denen man Geld zeigt oder gibt, zeigen weniger Fürsorge und sind weniger sozial als alle anderen. Gleichzeitig fühlen sie sich selbstständig und zeigen sich selbstbewusst, was das Erreichen von Zielen angeht. Ist jetzt nicht so wahnsinnig charmant, oder? Manche nennen das auch den »Arschloch-Effekt«, inspiriert von dem stereotypischen Verhalten reicher Menschen, die glauben, ihnen gehört die Welt. Das Faszinierende daran ist jedoch, dass das für uns alle gilt, nicht nur für Leute, die tatsächlich Geld *haben*. Wenn ganz gewöhnliche, zufällig ausgewählte Personen an das Konzept des Geldes erinnert werden, zeigt sich also derselbe Effekt. Sie werden berechnender und selbstbezogener und entwickeln mehr Selbstbewusstsein.

Was sagt uns das nun also über den Effekt aller anderen Zahlen und quantitativen Größen, mit denen wir tagtäglich konfrontiert werden? Ob die Anzahl der Follower, Bonuspunkte und Zahlen auf der Fitbit wohl Ähnliches mit unserem Selbstwertgefühl und Selbstbild anstellen wie Geld?

Eine einfache Art und Weise, der Sache auf den Grund zu gehen, ist, einen Blick ins Gehirn von Social-Media-Nutzern zu werfen. Neugierig, wie wir eben sind, führten wir deshalb eine Studie mit gut 300 Amerikanern mit einem Instagram-Konto durch, um herauszufinden, ob es einen Zusammenhang zwischen der Anzahl der Likes und dem Selbstbewusstsein gibt. Und es überrascht nicht, dass die Anzahl der Likes eng mit dem Selbstvertrauen und der wahrgenommenen Unabhängigkeit einhergeht, also damit, in welchem Maß man das Gefühl hat, gut allein zurechtzukommen. In der Studie betrug die Anzahl der Likes für jedes Instagram-Bild durchschnittlich 15. Als wir dann die Probanden untersuchten, die im Durchschnitt *weniger* beziehungsweise *mehr* als 15 Likes pro Bild hatten, erkannten wir ein faszinierendes Muster: Die Werte für Selbstvertrauen, Lebenszufriedenheit im Allgemeinen und Unabhängigkeit waren bei denjenigen mit vielen Likes deutlich höher als bei denen mit weniger Likes für ihre Fotos. Diejenigen mit vielen Likes berichteten auch von einem niedrigen Stresslevel als diejenigen mit wenigen.

Jetzt ist es natürlich durchaus möglich, dass Menschen mit schwachem Selbstvertrauen, einem hohen Stresspegel und wenig Zufriedenheit mit ihrem Leben einfach grottenhässliche und uninteressante Bilder posten, für die sich niemand interessiert. Oder dass sie keine Freunde haben. Klar, eine wahrscheinliche Erklärung ist das nicht, aber *ausschließen* können wir es auch nicht. Um also etwas über Ursache und Wirkung sagen zu können, mussten wir zusätzlich ausprobieren, ob höhere Zahlen wirklich das Selbstbewusstsein steigern und die Menschen dazu bringen, sich stärker und besser zu fühlen.

Deshalb führten wir zwei Experimente durch. Das erste mit einem Trüppchen Sportler in den USA. Um zu untersuchen, ob höhere und bessere Zahlen auch ohne den Zusammenhang mit Geld und Social Media zur Steigerung des Selbstbewusstseins beitragen, konzentrierten wir uns auf die Zahlen bezüglich ihres Lauftempos. Und um das zu bewerkstelligen, mussten wir sie ein bisschen beschummeln. Wir teilten die Sportler willkürlich in drei Gruppen auf und sagten einem Drittel, es laufe schneller als der Durchschnitt, und einem anderen, es laufe langsamer. Das letzte Drittel war unsere Kontrollgruppe; diese bekam überhaupt keine Information darüber, wie schnell sie im Vergleich zu den anderen liefen. Natürlich gab es keine größeren Unterschiede zwischen den drei Gruppen bezüglich ihres *tatsächlichen* Lauftempos, wir spielten nur einfach ein bisschen mit ihrem Verstand.

Und was passierte dann? Na klar, diejenigen, die im Glauben unterwegs waren, sie seien schneller als der Durchschnitt, meldeten eine insgesamt höhere Zufriedenheit mit ihrem Leben, mehr Selbstbewusstsein und ein niedrigeres Stresslevel als sowohl die Kontrollgruppe und auch diejenigen, die glaubten, sie seien langsamer als der Durchschnitt. Die Armen, die glaubten, sie seien langsamer als der Durchschnitt, empfanden ihr Leben mit einem Mal als mühselig und anstrengend und hatten das Gefühl, weniger gut allein zurechtzukommen. Obwohl sie im Durchschnitt *eigentlich* genau gleich gut in Form waren wie die Teilnehmer der anderen beiden Gruppen. Noch faszinierender: Wir untersuchten auch, wie die Versuchsteilnehmer ihre körperliche Attraktivität einschätzten. Diejenigen, die glaubten, sie liefen schneller als die anderen, hielten sich auf einmal auch im Durchschnitt für attraktiver. Und diejenigen, die fälschlicherweise glaubte, sie liefen langsamer, hielten sich plötzlich für einen Hauch hässlicher als den Durchschnitt.

Das *zweite* Experiment machten wir mit 400 Instagram-Nutzern, ebenfalls aus den USA. Die Untersuchung war furchtbar einfach und wurde im Internet durchgeführt. Zuerst fragten wir die Teilnehmer nach ihrem Alter und Geschlecht und nach der Anzahl ihrer Follower auf Instagram. Anschließend erklärten wir, dass »unser Algorithmus« ausrechnete, wie viele Follower mehr oder weniger sie im Vergleich zu ihrer jeweiligen Sozialkategorie (Geschlecht, Alter und so weiter) hätten. An dieser Stelle müssen wir zugeben, dass wir sie ein bisschen an der Nase herumgeführt haben. Über solch einen Algorithmus verfügten wir nicht. Vielmehr teilten wir die Teilnehmer willkürlich in zwei Gruppen auf. Die eine Gruppe erfuhr, dass sie 39 Prozent *mehr* Follower hätte als die anderen in ihrer Sozialkategorie, die zweite Gruppe bekam zu verstehen, dass sie 39 Prozent *weniger* Follower hätten als vergleichbare Personen.

Vermutlich kannst du erraten, was wir herausfanden? Genau. Verglichen mit der Gruppe, die glaubte, weniger Follower zu haben, berichteten die, die glaubten, dass sie mehr Follower hätten, über mehr Selbstvertrauen und eine größere Lebenszufriedenheit. Nicht vergessen: Die Versuchsteilnehmer waren *völlig willkürlich* in zwei Gruppen aufgeteilt worden, da gab es anfangs keinerlei Unterschied. Das Einzige, was hier passiert ist, ist, dass die Personen plötzlich *glaubten*, sie hätten mehr oder weniger Follower auf Instagram als andere ihresgleichen.

Übrigens: Was passierte wohl, als wir sie darum baten, sich zwischen zwei Preisen zu entscheiden, die als Dankeschön für die Teilnahme an dem Experiment verlost werden sollten? Die eine Möglichkeit war ein Kochkurs mit einem Meisterkoch, die andere ein Kochkurs mit Freunden. Genau – diejenigen, denen gesagt worden war, sie hätten überdurchschnittlich viele Follower, entschieden sich in weit höherem Maße für den Ego-Preis, bei dem es um sie selbst (allein mit einem Meisterkoch) ging, und weit weniger für den sozialeren Preis (Kochkurs mit Freunden). Gar nicht so anders als das, was Geld mit uns macht.

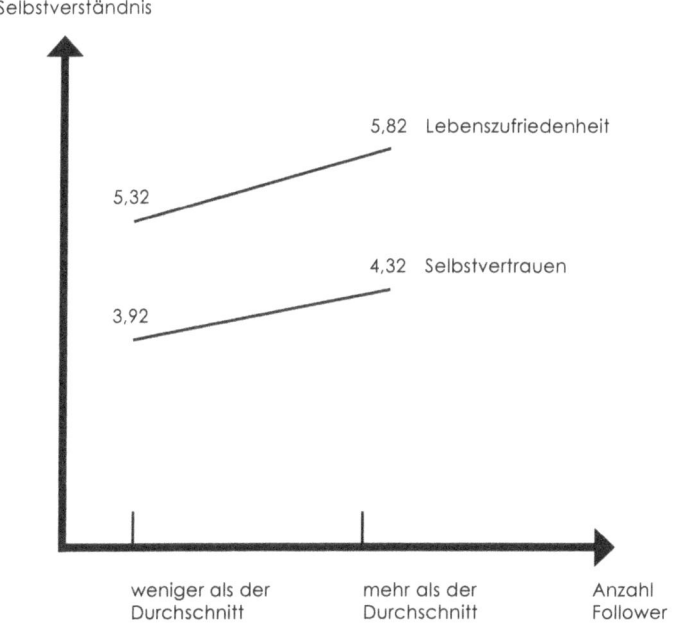

DOPING UND DOPAMIN

Studien haben gezeigt, dass das Gehirn einen Dopamin-Kick bekommt, wenn man in Social Media viele Likes einsammelt. Im Jahr 2016 wurde an einer Gruppe amerikanischer Teenager ein Gehirnscan (fMRT) durchgeführt, während sie Bilder in einer Instagram ähnlichen App betrachteten. Die Fotos stammten sowohl von den Teilnehmern als auch aus anderen Quellen, und die Wissenschaftler versahen jedes Bild (willkürlich) mit einer variierenden Anzahl Likes. Wenn die Jugendlichen eigene Fotos mit einer vermeintlich hohen Anzahl Likes sahen, beobachteten die Forscher in einem großen Teil des Gehirns erhöhte Aktivität. Der größte Anstieg geschah in den

Teilen des Gehirns, die mit Belohnungen verknüpft sind, es wurden aber auch Bereiche aktiviert, die als das »soziale Gehirn« bezeichnet werden, sowie solche, die mit visueller Aufmerksamkeit verbunden sind. Die Wissenschaftler kamen zu dem Schluss, dass Likes das Gehirn auf die gleiche Weise beeinflussen wie etwa Glücksspiel und zur süchtig machenden Wirkung von Social Media beitragen.

Es fehlt nicht an Forschung, die die problematischen Umstände der Quantifizierung und Likes in Social Media beleuchtet. Eine ganze Menge Studien weisen darauf hin, dass durch den Gebrauch der sozialen Medien Abhängigkeiten, Narzissmus und Depressionen entstehen können. Der Zusammenhang zwischen der Anzahl der Likes und dem Selbstbewusstsein der Nutzer ist ebenfalls gut dokumentiert. Je mehr Likes, desto mehr Selbstbewusstsein; je weniger Likes, desto weniger Selbstbewusstsein. Die Anzahl der Likes wirkt sich unter anderem deshalb so unmittelbar auf das Selbstbewusstsein aus, weil soziale Vergleiche dadurch unglaublich leicht und deutlich werden. Zwei Zahlen sind extrem gut vergleichbar, zwei Urlaubsbilder oder zwei Fotos von einem Teller mit Essen darauf nicht. Bilder lassen Raum für Interpretation und Zweideutigkeit, sie sind subjektiv. Du könntest annehmen, dein Urlaub wäre genauso schön gewesen wie meiner, wenn du dir nur zwei, und dazu meist noch sehr unterschiedliche, Fotos anschaust. Aber wenn dein Urlaubsfoto 200 Likes bekommt und meines nur 50, sieht das für alle Welt, auch für mich, ganz danach aus, als wäre dein Urlaub besser gewesen als meiner.

Das Paradoxe an diesem ganzen Mechanismus rund um Likes und Selbstbewusstsein ist, dass er anscheinend an *beiden Enden* der Skala schadet. Diejenigen, die nicht so viele Likes bekommen, laufen Gefahr, eine Depression zu entwickeln und Selbstvertrauen einzubüßen. Diejenigen, die viele Likes bekommen, riskieren, ichbezogene Narzissten zu werden.

DIE HÖLLE DER VERGLEICHE

Wir Menschen *lieben* es einfach, uns mit anderen zu vergleichen. Um die Welt um uns herum zu verstehen, müssen wir wissen, ob andere gleich, besser oder schlechter sind. Wenn wir neue Leute kennenlernen, beurteilen wir rasch, ob sie auf der Hierarchieleiter niedriger- oder höhergestellt sind als wir oder ob sie dicker oder schlanker sind, und wir ordnen und kategorisieren einander mit Vorliebe nach allen möglichen Aspekten. Deshalb haben wir für ungefähr alles Ranglisten. Wir haben Sporttabellen, Hotelbewertungen, Gehaltsspiegel, weltweite Glücksmessungen, Kreditbewertungen, Listen der besten Schulen, Krankenhäuser und Flughäfen samt Angaben über die zufriedensten Kunden. Hauptgrund dafür, warum soziale Vergleiche bei uns Leistung und Motivation ankurbeln, ist, dass ein unvorteilhafter Vergleich als Bedrohung unseres Selbstbilds erlebt wird – und das motiviert uns, beim nächsten Mal besser abzuliefern. Wenn andere schneller laufen oder mehr Likes auf Instagram bekommen, möchte man ja am liebsten mindestens auf ihr Niveau kommen oder sie sogar überflügeln. Und je wichtiger dieses Etwas, bei dem man schlecht abgeschnitten hat, für die eigene Identität ist, desto motivierter ist man, sich zu verbessern. Die neuropsychologischen Studien weisen ja auf einen engen Zusammenhang von sozialen Vergleichen und dem Belohnungszentrum im Gehirn hin. Ist unsere Leistung besser als die der anderen, freuen wir uns, ist sie schlechter, macht uns das traurig oder wütend.

Übrigens – weißt du, wer sich mehr freut: Diejenigen, die bei Olympia Silber, oder die, die Bronze gewonnen haben? Auch das wurde erforscht. Unter anderem kann man den Gesichtsausdruck der Sportler jeweils beim Zieleinlauf und auf dem Treppchen bei der Siegerehrung übersetzen und entschlüsseln. Und was ist dabei herausgekommen? Genau: dass Bronzemedaillengewinner systematisch und insgesamt sehr viel zufriedener sind als Silbermedaillengewinner. Wie das denn, die Leistung der Drittplatzierten war doch schlechter? Ganz einfach: Diejenigen, die Silber gewonnen haben, haben die Goldmedaille schließlich »verloren«, während die Bronzemedaillengewinner immerhin einen Platz auf dem Treppchen gewonnen haben. Wer Silber gewinnt, vergleicht sich mit den Goldmedaillengewinnern, wer Bronze verliehen bekommt, vergleicht sich damit, dass er auch hätte leer ausgehen können.

Wir Menschen vergleichen uns in unserem sozialen Umfeld mehr »nach oben« als »nach unten«. Das könnte man ja auch eigentlich für etwas Gutes halten. Sich mit anderen zu vergleichen, die geschickter, schneller, klüger sind, inspiriert und motiviert doch dazu, sich zu verbessern. Leider passiert aber das genaue Gegenteil. Soziale Vergleiche nach oben bringen uns dazu, viel weniger zufrieden mit uns selbst zu sein. Frag bloß mal alle, die bei Olympia Silber gewonnen haben.

Oder guck nach, was bei Facebook und auf anderen Social-Media-Plattformen so los ist. In Social Media können die Nutzer ja selbst aussuchen, ob sie Personen, die schöner oder reicher sind, mehr Likes und mehr Follower haben, »folgen« und zu ihnen aufschauen, sich also »nach oben« vergleichen wollen, oder »nach unten«, mit Menschen, die wirken, als würden sie ein ziemlich armseliges Leben führen. Bestimmt errätst du, was die Leute am liebsten tun? Japp, sie vergleichen sich in weit höherem Maße mit Personen, die mehr Likes, mehr Follower, mehr Freunde und größere Zahlen haben. Studien zufolge führt dies nicht nur dazu, dass sie mit ihrem eigenen Leben weniger zufrieden sind, sondern auch dazu, dass sie überschätzen, wie gut es anderen geht. Und dieser Effekt wird auch noch dadurch verstärkt, dass die Leute geschönte Bilder posten – und nicht solche, die zeigen, wie es in ihrem Leben *eigentlich* aussieht. In einem Experiment, bei dem die Versuchsteilnehmer verschiedene (falsche) Social-Media-Profile beurteilen sollten, fanden die Forscher heraus, dass die Entscheidung, sich sozial »nach unten« zu vergleichen, nicht die geringste Auswirkung auf das Selbstbewusstsein hatte. Man hätte ja vielleicht glauben können, dass das dem Selbstbewusstsein kräftig Auftrieb geben würde, aber das war nicht der Fall. Aber wenn sich die Teilnehmer »nach oben« verglichen, sanken ihr Selbstbewusstsein und die Bewertung ihres eigenen Lebens. Eine Social-Media-App zu öffnen und durch die Likes und Profile anderer zu scrollen, scheint also nur Nachteile für das eigene Ego zu bringen.

Beim Fernsehen ist es genau dasselbe. Wer im Fernsehen und in Fernsehserien auftritt, ist bekanntlich reicher und erfolgreicher als der Bevölkerungsdurchschnitt. Was glaubst du, was mit Leuten passiert, die viel fernsehen? Sie glauben im Durchschnitt, andere Menschen in ihrer Umgebung seien reicher, als sie tatsächlich sind. Außerdem unterschätzen sie ihr eigenes Vermögen und Lebensglück.

Und was passiert mit Motivation und Zufriedenheit, wenn Menschen erfahren, wie viel ihre Kollegen verdienen? Na, da finden sie etwas Neues, mit dem sie in ihrem Leben unzufrieden sein können. Schließlich gibt es doch immer mindestens einen Kollegen, der unverdient mehr verdient, stimmt's? Bei einer Studie mit 5000 britischen Arbeitnehmern kam heraus, dass sie umso unzufriedener waren, je mehr die Kollegen im Vergleich zu ihnen selbst verdienten. In einer anderen, von Studierenden an der renommierten Harvard University durchgeführten Untersuchung, sagte über die Hälfte, sie würde lieber 50 000 Dollar verdienen, wenn ihre Kollegen 25 000 Dollar verdienten, als 100 000 Dollar, wenn die Kollegen 250 000 Dollar verdienten. Ziemlich verblüffend, wenn Menschen lieber ihr Gehalt halbieren würden, als die schlechtbezahltesten am Arbeitsplatz zu sein.

Soziale Vergleiche sehen wir überall, und wir vergleichen ständig, bewusst und unbewusst. Und dabei bilden bei Weitem nicht nur die Anzahl der Likes, Klicks, Weiterleitungen und Follower den Maßstab. Dasselbe gilt auch für alle anderen Zahlen in unserem Leben:

Einkommen, Gewicht, Körpergröße, Schrittzahl pro Tag, Durchschnittsgeschwindigkeit, Bonuspunkte, verschiedene Spiellevel. Alles. Neue Sensoren, die wachsende Digitalisierung und Globalisierung führen dazu, dass wir permanent mit mehr Zahlen konfrontiert werden, sowohl über uns persönlich als auch über alle Menschen um uns herum. Für alles gibt es nun einen Maßstab. Und das ist vielleicht besonders deshalb bitter, weil so Dinge, die vorher absolut unvergleichlich waren, auf einmal verglichen werden können. Früher hatten wir kleine Zufluchtsorte und eigene Sphären, in die Zahlen noch nicht vorgedrungen waren. Wo wir gezwungen waren, selbst nachzudenken, zu überlegen und einzuschätzen, und wo das Subjektive wichtig war. Wo mein subjektives und persönliches Urteil genauso richtig oder verrückt war wie deines. Wo nichts miteinander verglichen oder eingestuft werden konnte. Diese Zeiten sind vorüber. Das Unvergleichliche ist vergleichbar geworden. Alles kann auf eine Zahl und einen Maßstab reduziert werden.

Fragst du dich, ob du zu dick oder zu dünn bist? Der BMI verrät es dir. Möchtest du wissen, wie attraktiv du bist? Die Anzahl der Selfies oder Swipes bei Tinder gibt dir eine klare Antwort. Gehst du verantwortungsvoll mit deinen Finanzen um? Check deine Kreditwürdigkeit. Hat dein Nachbar letzten Sommer einen besseren Urlaub gehabt als du? Schau dir sein Hotel bei TripAdvisor an.

Den Unternehmen, die solcherart extreme Quantifizierungen unseres Lebens und sozialen Status zusammenstellen, ist natürlich mit der Zeit bewusst geworden, welche negativen psychologischen Effekte das auslösen kann. In den ersten fünf Jahren der Existenz von Facebook gab es bei diesem Internetdienst interessanterweise keinen »Like-Button«. Doch danach hat dieser kleine Knopf für die Verbreitung und den kommerziellen Erfolg sowohl von Facebook als auch anderer Social-Media-Plattformen enorm an Bedeutung gewonnen. Im selben Maß, indem die Forschung eine Reihe negativer psychologischer Effekte im Zusammenhang mit Likes und Quantifizierung auf Social-Media-Plattformen nachwies, wuchs auch der Druck auf Social-Media-Unternehmen, sich der Sache anzunehmen. Das zu Facebook gehörende Instagram testete daher 2019 Veränderungen, die dazu führten, dass die Nutzer zwar nach wie vor Bilder »liken« konnten, aber weder die Anzahl der Likes, die andere Nutzer bekommen hatten, zu sehen bekamen, noch, wie häufig ein Video angeschaut worden war. Der Test wurde zuerst in Kanada und anschließend in sechs weiteren Ländern durchgeführt, um den negativen Effekten einer solchen Bezifferung der Inhalte entgegenzuwirken. »Wir haben die ›Gefällt mir‹-Angaben verborgen, um zu testen, ob wir Menschen auf Instagram so entlasten können. […] Somit kannst du dich voll und ganz auf die geteilten Fotos und Videos statt auf ihre ›Gefällt mir‹-Angaben konzentrieren«, hieß es auf dem Blog der Plattform. Die Herausforderung für das Unternehmen ist natürlich, dass eine solche Änderung womöglich die Attraktivität der Dienstleistung, die Anzahl der Klicks und die Abhängigkeit ihrer Nutzer, also deren Bedürfnis, sich im Laufe des Tages immer wieder in der App auf den neuesten Stand zu bringen, mindert. Die unmittelbare Reaktion der Nutzer bei Bekanntwerden der Tests war auch in hohem Maße negativ, und mehrere Nutzer vertraten die Meinung, dass Instagram hier eine Änderung einführte, die »niemand will«. Über die Ergebnisse und Schlussfolgerungen des Tests ist nichts bekannt, aber die Instagram-Nutzer können immer noch sowohl die Anzahl der Likes sehen als auch, wie oft ein Video heruntergeladen beziehungsweise angeschaut wurde.

> Meine Tochter erzählte, alle (?) auf Instagram hätten »Finstas«, also »fake Instas« – zusätzliche Instagram-Konten neben ihrem eher offiziellen Konto. Manche haben Finstas, um weniger perfekte und bearbeitete Fotos mit ihren allerengsten Freunden teilen zu können, aber die meisten legen

solche »gefakten« Konten an, um die eigenen Postings mit »Gefällt mir«-Angaben versehen zu können. »Man will ja so viele Likes wie möglich bekommen.« Als ich fragte, ob es darum geht, anderen zu imponieren, zuckte sie mit den Schultern. »Es fühlt sich halt einfach besser an.« Da erinnerte ich mich an einen Ausdruck, den ich in den USA gelernt hatte, als Instagram noch ganz neu war: »Instacurity«. Das ist, wenn Menschen Angst bekommen (»insecurity«), wenn sie gerade etwas veröffentlich haben und die Likes ausbleiben.

Micael

I AM A TRAVELLER

Es ist also ziemlich unstrittig, dass die Zahlen um uns herum sowohl unser Selbstbewusstsein als auch unser persönliches Befinden beeinflussen. Aber wirken sie sich auch auf unsere Identität und unsere Interessen aus?

Alle, die schon einmal im öffentlichen Dienst oder auch in der Privatwirtschaft angestellt waren, wissen, dass die Zahlen, mit denen man bewertet wird, immer wichtiger werden. Manchmal ein bisschen zu wichtig. Ob es um Kundenzufriedenheit, Rentabilität oder Umsatzwachstum geht, die Zahlen schleichen sich in deinen Kopf und beeinflussen deine Motivation, Entscheidungen und Prioritäten. Bei unserer Arbeit als Professoren an zwei nordeuropäischen Wirtschaftshochschulen werden wir ständig und aus allen möglichen Blickwinkeln bewertet: Unterrichtsevaluationen, die Anzahl der Presseerwähnungen, die Anzahl der wissenschaftlichen Artikel, der Impact-Faktor von Artikeln und Zeitschriften, die Anzahl der

Zitate, der H-Index bei Google Scholar, der Researchgate-Score und Dutzende anderer Kennzahlen. Und gerade weil diese Zahlen so einsehbar, leicht zu vergleichen und vermeintlich objektiv sind, werden sie immer wichtiger. Wichtig für Arbeitgeber, wichtig für Kollegen und wichtig dafür, wie wir uns selbst sehen und bewerten.

Doch Zahlen gibt es schließlich nicht nur bei der Arbeit. Wirf mal kurz einen Blick auf die Apps auf deinem Smartphone und dann überleg, mit welchen Zahlen dich diese Apps versorgen, welche sie dir ins Bewusstsein rufen. Abhängig von deinen Interessen und deiner Persönlichkeit bekommst du vermutlich für die meisten Aspekte deines Lebens Zahlen geliefert. Du wirst mit Informationen über deine wirtschaftliche Situation gefüttert: Bankkonto, Darlehen, Kreditwürdigkeit, Altersvorsorge, Fonds und Aktien. Außerdem bekommst du Informationen bezüglich deiner Gesundheit: Schrittzahl, Kilometer, Puls, Durchschnittsgeschwindigkeit und die Anzahl der bewältigten Höhenmeter. Social-Media-Apps versorgen dich mit Zahlen zu Views, Likes, Followern, Shares und Suchtreffern. Obendrein wirst du über deinen Punktestand bei diversen Bonusprogrammen informiert, über deinen aktuellen Level bei Candy Crush und Hay Day, die Raumtemperatur im Sommerhäuschen, den Energieverbrauch, das Ranking bei TripAdvisor, Airbnb und Uber und eine ganze Reihe weiterer Zahlen von Arbeitgebern, Apps und Sensoren.

Und weil diese Zahlen objektiv, wahr, konkret, deutlich, universell und gut vergleichbar erscheinen, gewinnen sie an Bedeutung und beeinflussen, worauf du dich fokussierst, wie du Prioritäten setzt und vielleicht auch, wie du dich selbst wahrnimmst.

> »You are a true traveller«, meldet mir die SAS-App. Der Beweis liegt auf der Hand: Seit 2003 habe ich 6,7-mal die Erde umrundet und war 504 Stunden in der Luft. 213 726 Euro-Bonus-Punkte habe ich auf dem Konto. Wenn man mir die

Zahlen derart präsentiert, fühle ich mich tatsächlich wie ein echter Globetrotter. Je öfter ich die App öffne und je öfter ich mit diesen Zahlen in Berührung komme, desto mehr integriere ich die Zahlen und das, wofür sie stehen, in mein Selbstbild. Ich bin ein Globetrotter. Echt jetzt. So ein richtiger Weltreisender. Aber so was von.

Helge

Die Zahlen auf deinem Smartphone wirken sich mit ihrer Symbolkraft unbemerkt auf deine Identität aus, und zwar mit einem hinterhältigen selbstverstärkenden Effekt. Werden deine Beiträge auf Twitter plötzlich verstärkt weitergetwittert, betrachtest du dich als einen wichtigen Diskussionsteilnehmer dieser Gesellschaft und twitterst wahrscheinlich umso mehr. Bekommst du für deine Trainingsfotos viele Likes, postest du mehr. Das Training wird dir nach und nach immer wichtiger, und der Anteil der Trainingsfotos auf Instagram wächst, weil viele Likes Dopamin freisetzen, das Selbstbild stärken und dazu führen, dass dir genau dieses Bild, diese Aktivität oder diese Kleider nur umso wichtiger vorkommen.

Wenn also alles Messbare für die eigene Identität immer mehr an Bedeutung gewinnt und wenn diese Zahlen in einem solchen Maß Selbstbewusstsein und Selbstbild beeinflussen, wäre es vielleicht ratsam, etwas sorgfältiger darauf zu achten, mit welchen Zahlen du im Alltag umgehst.

Hier kommen fünf kleine Impfdosen für dein Selbstbild:

1. Sei dir bewusst, dass Zahlen und Geld viel gemeinsam haben. Beides kann dich berechnender, egoistischer und selbstbezogener machen. Und das willst du ja wohl nicht?

2. Denk daran, dass sowohl niedrige als auch hohe Zahlen dein Selbstbild schädigen können. Die niedrigen sind imstande, dir das Selbstvertrauen zu rauben, die hohen lassen dich womöglich selbstbezogen und narzisstisch werden.

3. Zahlen, besonders in Social Media, können süchtig machen. Schieb hier und da eine kleine Detox-Runde ein!

4. Denk daran, dass Erlebnisse subjektiv sind. Man kann zwei Laufrunden, Urlaube oder Mahlzeiten einfach nicht vergleichen.

5. Lass die Zahlen nicht bestimmen, wer du bist. Blende auf deinen Bildschirmen Zahlen aus, die dich davon abbringen, die Person zu sein, die du bist oder sein möchtest.

Wir hoffen, dass diese Tipps dir das Leben ein wenig erleichtern. Dass es dir dadurch mit dir selbst besser geht. Dass du du selbst sein kannst, ganz egal, was die Zahlen behaupten.

ZAHLEN UND LEISTUNGEN

4

4

Im Dezember 2010 präsentiert der Wirtschaftsguru, Gesundheitsfanatiker und Autor Tim Ferriss mit einem breiten, blitzweißen Lächeln sein neues Buch *The 4-hour Body* (die deutsche Ausgabe *Der 4-Stunden-Körper* erschien 2011). Das Buch ist, wenn man dem Untertitel der schwedischen Ausgabe glauben darf, »ein knallharter Ratgeber für schnellere Fettverbrennung, Kraftgewinn, maximale Leistungsfähigkeit und ein besseres Sexualleben«. Rasend schnell steigt es auf der New-York-Times-Bestsellerliste auf und inspiriert eine neue Generation »Self-Tracker« (Selbstbeobachter) mit neuen Tipps und Methoden für ein besseres Leben. Tim Ferriss zeigt seinen Leserinnen und Lesern, wie sie mittels sorgfältiger Überwachung von Gewicht, Gesundheit, Schlafmustern und vielem mehr bessere Leistungen erzielen und, wie Tim selbst, allmählich zum Übermenschen werden. Die Tipps umfassen etwa, wie man mit nur zwei Stunden Schlaf auskommt, 15 Minuten lange Orgasmen bekommt (als Frau), die Fettverbrennung um 300 Prozent steigert, den Testosteronspiegel verdreifacht und chronische Leiden kuriert.

Tim Ferriss, der inzwischen durch seine Podcasts, Bücher und Beratungen für Uber, Facebook, Shopify und Alibaba steinreich geworden ist, ist ein begeisterter Self-Tracker beziehungsweise Anhänger der Philosophie des »Quantified Self« (das quantifizierte Ich), wie sich die Bewegung nennt. Tim Ferriss zeichnet nicht nur beim Schlafen seine eigenen Hirnströme auf, er hat sich auch einen Blutzuckermesser in den Bauch einsetzen lassen, um seine Blutzuckerwerte in Echtzeit abrufen zu können. Außerdem hat er eine Biopsie seines Oberschenkels machen lassen, um Enzyme und Muskelfasern zu messen. Die Anzahl der Apps, Sensoren und Überwachungsapparate in seinem Leben lässt sogar die NASA alt aussehen.

Tim Ferriss bezeichnet das Ganze als wissenschaftliches Experiment an sich selbst, andere würden es als krasse Nabelschau oder krankhaften Narzissmus beschreiben. Doch Tim ist bei Weitem nicht allein. Studien zeigen, dass beinahe die Hälfte von uns einen oder mehrere Datenströme hinsichtlich ihrer Gesundheit aufzeichnet. Die Verkaufszahlen von Fitbits, Apple Watches und diversen anderen Sensoren sind in die Höhe geschossen. Und die Quantified-Self-Bewegung hat inzwischen Mitglieder in über 34 Ländern, aufgeteilt auf über 100 Ortsgruppen. Die größten Gruppen befinden sich in San Francisco, New York und Boston. Es gibt sogar eine Unterkategorie der Bewegung, die »The Quantified Baby« heißt, in der die Mitglieder verschiedene Sensoren und Programme anwenden, um Daten über die täglichen Aktivitäten und die Gesundheit ihrer Babys zu sammeln.

Wie um alles in der Welt sind wir nur an diesem Punkt gelandet?

Wie wir bereits wissen, ist die Faszination, die wir für Zahlen und Daten über uns selbst empfinden, kein neues Phänomen. Das ist die Selbstquantifizierung auch nicht. Die Pythagoreer haben es schließlich schon vor 2600 Jahren vorgemacht. Wahrscheinlich gieren wir schon seit Anbeginn der Zeit nach Zahlen über uns selbst. Würde Benjamin Franklin zum Beispiel heute leben, wäre er wahrscheinlich ein sehr begeisterter Lifelogger mit Hunderttausenden Followern und einem eigenen Podcast. Er war nämlich nicht nur einer der Staatsgründer der USA, Musiker, Autor und Erfinder von beispielsweise dem Blitzableiter, sondern führte auch ein unglaublich detailliertes Tagebuch, vollgepackt mit Zahlen und Daten über sich selbst, sein Leben und seine Umgebung. Das Tagebuch und die Zahlen nutzte er als Ausgangspunkt für Selbstreflexion und Selbstoptimierung. Die Quantified-Self-Bewegung betrachtet Benjamin Franklin als einen Vorvater ihrer Ideen. Franklin konzentrierte sich auf 13 Tugenden, an die er sich täglich hielt und die er protokollierte. Auf den Webseiten engagierter Selbstquantifizierer kann man seine verschiedenen Ratschläge zur Produktivität und seine Aufteilung der Stunden pro Tag auf Ereignisse und Arbeitsaufgaben finden. Auch Philosophen wie Michel Foucault werden als Teil des geistigen Fundaments der Quantified-Self-Bewegung angesehen. Foucault betonte, wie wichtig eine gründliche Auseinandersetzung mit sich selbst sei, um sich als Mensch zu entwickeln und zu verbessern.

SCHLANKER, GESÜNDER, SCHNELLER?

Heute, wo sich die meisten, denen der Sinn danach steht, Smartwatches, Smartphones und unzählige Protokoll-Apps zulegen können, verfügen wir über Möglichkeiten der Selbstquantifizierung, von denen Benjamin Franklin und Michel Foucault nur hätten träumen können. Die Selbstbeobachtung hat sich zum Volkssport schlechthin entwickelt, und es gibt viele Bücher und Internetseiten dazu, außerdem Hunderte Apps. Wir überwachen uns selbst und protokollieren alles, um schlanker, gesünder und glücklicher zu werden, um schneller laufen und mehr leisten zu können. Über 40 Prozent aller Amerikaner glauben, dass Selbstbeobachtung das sportliche Leistungsvermögen fördert und Fettleibigkeit entgegenwirkt.

Da stellt sich natürlich die Frage: Funktioniert das? Werden wir durch diese kontinuierliche Überwachung unserer persönlichen Daten wirklich schlanker, gesünder und glücklicher? Was glaubst du?

Die Forschung dazu ist sich anscheinend nicht ganz einig. Die meisten der (wenigen) kontrolliert durchgeführten Studien, die sich mit dem Effekt der Anwendung von Smartwatches, Schrittzählern und anderen Formen der Aufzeichnung individueller Gesundheitsdaten befassen, verzeichnen einen signifikanten, aber verhältnismäßig schwachen positiven Effekt auf Gesundheit und Leistungen der Teilnehmer – und zwar egal, ob es sich um Gewichtsreduzierung, Trainingshäufigkeit, Trainingsintensität oder Leistung handelt. Werden Fitbit, Apple Watch oder andere Methoden genutzt, um die eigene Gesundheit oder Leistung zu messen, laufen wir also *ein wenig* schneller, verlieren *ein wenig* Gewicht oder bringen *ein wenig* mehr Leistung. Aber nur ein wenig. Außerdem gibt es relativ große individuelle Unterschiede zwischen verschiedenen Personen. Bei manchen funktioniert es, aber nicht bei allen. Außerdem gibt es bestimmte Indizien dafür, dass der Effekt verhältnismäßig kurzlebig ist.

Woher kommt das?

Jordan Etkin, Wissenschaftlerin an der Duke University in den USA, hat eine Reihe faszinierender Untersuchungen zu Selbstquantifizierung, Leistung und Motivation durchgeführt. Bei ihren Versuchen ließ sie die Teilnehmer verschiedene positive Aktivitäten ausüben, etwa Sport treiben oder ein Buch lesen. Die Hälfte der Versuchsteilnehmer bekam Einsicht in die Zahlen zu ihrer Leistung (wie lange sie durchgehalten oder wie viele Seiten sie gelesen hatten), die andere Hälfte nicht. Anschließend wertete Etkin die Leistung, Motivation und das Zufriedenheitsniveau der Teilnehmer aus. Sie untersuchte zudem, ob die Teilnehmer sich dafür entschieden, die Aktivität auch nach dem Ende des Experiments weiter auszuüben. Und was entdeckte sie? Analog zu vielen anderen Studien zeigte sich, dass das Beobachten und Quantifizieren des eigenen Verhaltens zu *ein wenig* mehr Leistung führte. Die Teilnehmer, die ihre Leistung in Zahlen dargestellt bekamen, gingen etwas schneller und etwas weiter oder lasen ein wenig mehr. *Aber* – ihre Motivation ließ nach, und nach dem Ende des Experiments führten sie die Aktivität in nur geringerem Maße weiter fort. Die Selbstquantifizierung führte also dazu, dass die Teilnehmer die Aktivität im Laufe der Zeit weniger mochten und sie deshalb reduzierten. Diejenigen, die ihre Leistung dokumentierten, erzielten auch weniger Punkte in Sachen Zufriedenheit und Glücksempfinden als diejenigen, die genau dieselbe Aktivität ausgeübt, diese aber nicht bemessen und quantifiziert hatten. Und egal ob Etkin die Teilnehmer zur Selbstbeobachtung einteilte oder ob sie sich freiwillig dafür entschieden: Das Ergebnis blieb gleich.

Wie kommt das? Durch das Messen und die Zahlen wird uns der Gegenstand unserer Messung deutlicher vor Augen geführt. Zählst du Schritte, konzentrierst du dich mehr darauf. Zählst du Seiten, achtest du mehr darauf, wie viele du gelesen hast. Und selbst wenn du nicht ausdrücklich weiter oder schneller gehen möchtest, wissen wir doch aus der Forschung, dass das Messen dazu führt, dass der Mensch sich oder seine Leistung verbessern möchte. Wenn du auf deiner Laufrunde Puls, Geschwindigkeit und Länge misst, werden diese Werte allmählich wichtiger als der eigentliche Grund, warum du überhaupt joggen wolltest. Indem du dich auf das Messen und die äußerliche (extrinsische) Motivation konzentrierst, übst du eigentlich positive und angenehme Aktivitäten mehr des Nutzens als des Vergnügens wegen aus. Wenn du zu den Leuten gehörst, die gerne Joggen gehen, um an die frische Luft zu kommen, gute Musik zu hören und die Natur zu erleben, wird die damit verbundene innere (intrinsische) Motivation nach und nach durch Leistungsdruck, Ziele und extrinsische Motivation ersetzt, sobald du dich mit Fitbit oder Strava verbindest.

Darüber hinaus kann man sich auf eine Menge unterhaltsamer und gleich gelagerter Forschung über Kinder stützen. Ein Beispiel: Vorschulkinder, denen gesagt wird, dass sie Karotten essen sollen, weil sie dann beim Rechnen besser werden, essen weniger Karotten und finden sie widerlicher als andere. Belohnt man ein Kind für das Ausmalen einer Zeichnung, findet es das schnell langweilig. Denn ist Tätigkeit extrinsisch statt intrinsisch motiviert, wird sie weniger attraktiv und macht weniger Spaß. Karotten essen wird igitt, Joggen zu Arbeit und Lesen zu Anstrengung.

Ein lebender Beweis dafür, dass man mit Selbstquantifizierung derbe gegen die Wand fahren kann, ist der Norweger Torbjørn Høstmark Borge. Torbjørn trieb gerne Sport und fing irgendwann an, einen Fitnesstracker und Strava zu benutzen. Das bereut er heute wirklich zutiefst. »Ich merkte, dass ich jedes Mal regelrecht manisch wurde, wenn ich den Schrittzähler aktiviert hatte«, berichtete er im September 2020 der Zeitung *Bergens Tidende*. »Man wird ständig dazu gepusht, neue Ziele zu erreichen. Das hat mich im Alltag extrem belastet, es kostet enorm viel Energie und Aufmerksamkeit.« Seine Strava-Sucht führte später zu einer Rhabdomyolyse (eine Ausnahmeerscheinung, bei der extrem überstrapazierte Muskelzellen zerfallen), nachdem er sich dazu angetrieben hatte, jeden Tag über 40 000 Schritte zu gehen. »Mit der Mindestzahl von 20 000 Schritten pro Tag fing es an, und auf einmal waren es nie unter 35 000. Danach ging es mit den 40 000 gerade so weiter.« Sowohl Torbjørns Freude am Sport als auch sein Körper gingen aufgrund extrinsischer Motivation und Datensammelwut kaputt.

Häufig setzen wir extrinsische Motivation ein, um andere zu besseren Leistungen anzutreiben. Eltern belohnen ihre Kinder mit Eis und Schokolade, Unternehmen ihre Belegschaft mit Geld und Boni.

Das führt oft dazu, dass man andere dazu bringt, etwas mehr zu leisten, kurzfristig jedenfalls. Aber wie wir gesehen haben, dämpft die extrinsische Motivation die intrinsische extrem schnell. Wirst du für eine Tätigkeit bezahlt, die du eigentlich liebst, riskierst du, dass sie sich zunehmend wie eine Last anfühlt.

In dieser Hinsicht erinnert Etkins Studie an die Forschung bezüglich Geld und Motivation. Doch hier stellt nicht das Geld die extrinsische Motivation dar, sondern die Schrittzahl, Likes oder gelesenen Seiten. Wir wissen, dass Geld zu mehr Leistungen antreiben kann, dass man einer Tätigkeit aber auch schneller überdrüssig wird, wenn man dafür bezahlt wird, weil man mit der Zeit den persönlichen Einsatz mit der Belohnung verknüpft anstatt mit der eigenen intrinsischen Motivation. Auf die gleiche Weise können die Zahlen, die du über dich selbst sammeln möchtest – Durchschnittsgeschwindigkeit, Schrittzahl, die Anzahl der Likes und Bonuspunkte –, allmählich deine intrinsisch gesteuerte Motivation herabsetzen.

DEIN HERZ – DEINE DATEN?

Falls du nun zufällig Arzt, Ingenieur, Wirtschaftsprüfer und/oder einer der vielen bist, die eifrig ihre persönlichen Gesundheitsdaten oder Trainingswerte protokollieren, hältst du den Abschnitt oben möglicherweise für übertrieben negativ und schwarzmalerisch. So furchtbar schlimm kann so ein bisschen Zählen und Messen hier und da doch wohl nicht sein, oder? Ich habe meine Fitbit-Nutzung im Griff. Ich lächle beim Joggen. Und mir gehts ganz gut mit meinen Daten.

Außerdem ist es ja auch tatsächlich möglich, dass die protokollierten Zahlen wirklich wichtig für die Gesundheit sind. Wenn man übergewichtig ist oder unter Bluthochdruck leidet, gibt es da ja doch die einen oder anderen Werte, die man besser im Auge behalten sollte. Und bei einer Erkrankung wie etwa Diabetes ist es unbedingt erforderlich, den Blutzuckerspiegel unter Kontrolle zu haben, wozu kleine Sensoren unter der Haut inzwischen effektiv beitragen können. Zahlen und Werte hinsichtlich Körper und Gesundheit erweisen sich für manch einen von enormer Bedeutung oder gar als lebenswichtig, und da ist es umso wichtiger, dazu auch Zugang zu haben. Frag bloß mal den Amerikaner Hugo Campos, dessen Geschichte vom Medicine-X-Projekt an der Stanford University berichtet wurde.

Sein ganzes Leben lang spürte Hugo Campos, dass sein Herz sich seltsam verhielt. Mal hatte er Herzrasen, mal setzte sein Herz aus. Zu viel Kaffee, dachte er. Oder nicht genug Schlaf. Als er 2004 eines Morgens zur U-Bahn rannte, wurde ihm übel und er wurde ohnmächtig. Nach vielen Tests stellten die Ärzte in Stanford fest, dass er an einer hypertrophen Kardiomyopathie litt, einer ernsten Erkrankung, bei der sich der Herzmuskel verdickt. Drei Jahre später, im Jahr 2007, wurde ihm ein Defibrillator zur Kontrolle seines Herzrhythmus implantiert. Alle Daten des Defibrillators wurden an den Hersteller Medtronic gestreamt, der sie an seinen Arzt weiterleitete. Hugo, der sein ganzes Leben lang mit Herzrhythmusstörungen gelebt hat, freute sich deshalb darauf, einen Einblick in die Zahlen und Datenströme seines Defibrillators zu bekommen. Doch 2012 wurde Hugos Krankenversicherung gekündigt. Ohne Zugang zu einem Arzt nahm er die Sache selbst in die Hand. Bei eBay fand er ein Gerät, mit dem man Defibrillatoren umprogrammieren konnte. Also versuchte er, sich in das Gerät zu hacken. Um zu experimentieren und mehr über den Defibrillator in sich zu erfahren, suchte er sogar ein Beerdigungsinstitut auf, das gebrauchte Defibrillatoren verkaufte, die vor der Einäscherung aus Leichen entfernt worden waren. Doch dieser Versuch erwies sich als schwierig. Als sich nämlich 2011 Forscher auf einer

Konferenz in einen Defibrillator gehackt und auf der Bühne in Echtzeit die Kontrolle über ihn übernommen hatten, waren die Hersteller von Defibrillatoren auf das Problem der Computersicherheit aufmerksam geworden.

Gleichwohl setzt sich Hugo Campos schon seit 2007 dafür ein, dass die Vorschriften und Vorgehensweisen von Technologieunternehmen geändert werden, damit Patienten Zugang zu ihren Gesundheitsdaten erhalten. Doch auch heute noch, 15 Jahre nach seiner Operation, hat Hugo keinen Zugriff auf die Daten, die sein 30 000 Dollar teurer Defibrillator über sein Herz und seinen Körper sammelt und an einen Cloud-Dienst weiterleitet.

Hugo glaubt, dass er die Daten seines Defibrillators leicht mit den Daten seiner Fitbit und mit vielen anderen Aktivitäten und Aspekten seines Lebens verknüpfen könnte, wenn er nur Zugang dazu erhalten würde, zum Beispiel um herauszufinden, wie die Herzfrequenz durch Kaffeekonsum, Alkohol, bestimmte Lebensmittel und Bewegung unterschiedlicher Art beeinflusst wird. Seiner Ansicht nach wäre er besser in der Lage, dies aufzuzeichnen und zu erproben als Ärzte, die er nur gelegentlich sieht und die nicht jeden Tag mit der Krankheit leben. Hugos Meinung nach ist der Zugang zu persönlichen Gesundheitsdaten ähnlich wie bei Patienten mit Diabetes oder anderen zu überwachenden Krankheitsbildern prinzipiell richtig und wichtig.

Hier gibt es ein bemerkenswertes Paradox. Wir haben Zugang zu vielen Zahlen über unseren eigenen Körper und unsere Gesundheit, die unsere Leistung vielleicht *ein wenig* steigern, aber mit der Zeit oft die Motivation und den Spaß an der Sache schmälern. Aber ausgerechnet die wichtigsten und kritischsten Zahlen, die die Lebensqualität und das Lebensmanagement von Menschen wie Hugo verbessern können, befinden sich im Besitz der Pharma- oder Technologieunternehmen.

BIG BROTHER

Schon mal darüber nachgedacht, wer eigentlich Zugriff auf deine Gesundheitsdaten hat und wem sie gehören? Nachdem Google 2019 den Kauf von Fitbit für beinahe 2,1 Milliarden Dollar bekannt gab, stellten viele IT-Experten und auch andere Nutzer den Gebrauch ihrer Fitbits ein. Schlicht und einfach, weil sie Google keinen Zugriff auf Daten über ihre Schlafmuster, sportlichen Aktivitäten und Gesundheit gewähren wollten. Google weiß doch bereits genug über uns. Nach und nach wurden immer mehr Menschen immer skeptischer, was den Kauf der gewaltigen Mengen an Gesundheitsdaten anging, und im August 2020 teilte die EU-Kommission mit, dass sie eine vollumfängliche Untersuchung durchführen wollte, was den Kauf von und Googles Zugang zu den Gesundheitsdaten der Nutzer anging. Fitbit hat über 100 Millionen Stück seiner Fitnesstracker verkauft und verzeichnet 28 Millionen aktive Nutzer, sodass da schon eine ganze Menge an Laufrunden, Herzschlägen und Ortsdaten zusammenkommen. Googles Argument lautet, dass die Nutzer durch das Aufkaufen von Fitbit und die zunehmende Anwendung künstlicher Intelligenz nun noch mehr und genauere Daten über sich selbst bekommen und so auch mehr erfahren, sich selbst besser kennenlernen und ihr Leben verbessern können. So sieht die Zukunft aus. Dank immer noch mehr Sensoren auf und im Körper, im Handy, im Bett, am Arbeitsplatz, zu Hause und im Auto können wir alle *ein wenig* mehr leisten.

Doch nicht nur auf der persönlichen Ebene glauben wir, dass Zahlen, Messungen und Vergleiche uns besser, schneller und effektiver werden lassen. Dieser Glaube durchdringt alles, von Belohnungssystemen über Kennzahlen in Unternehmen bis hin zum Notensystem in der Schule, Standardisierungen und Messungen in der Kinderbetreuung und DRG-Punkte für die Fallpauschalen im Gesundheitswesen. Und weil wir Zahlen für exakt, universell, ewig und vergleichbar halten, halten wir auf Zahlen beruhende Entscheidungen und Systeme für objektiv und transparent. Das sind sie selbstverständlich nicht, das ist Nonsens, aber die Alternative zu Zahlen ist oft deutlich schlechter. Was sollten wir denn sonst auch messen?

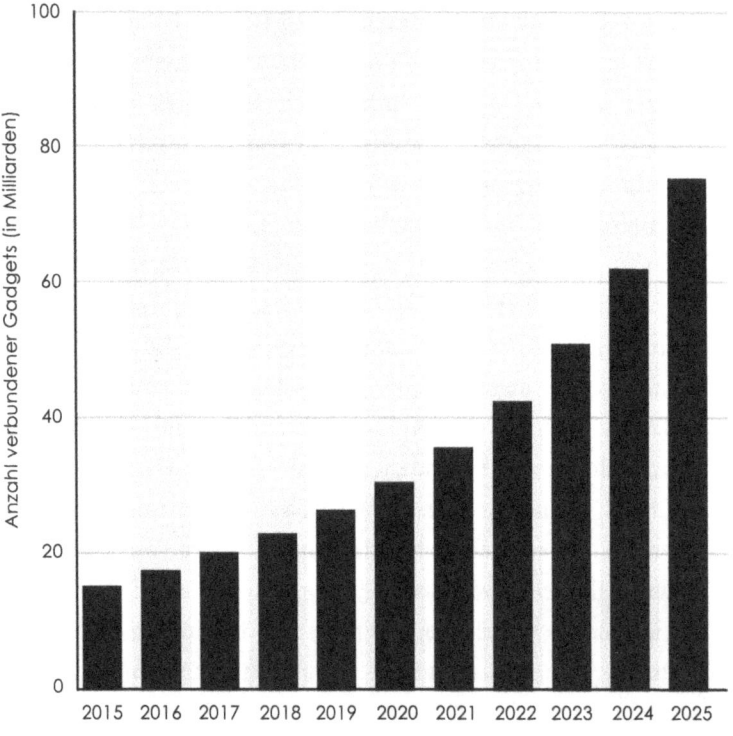

Interessant ist an dieser Stelle die Beobachtung, dass der Glaube, Zahlen und Messungen würden uns zu besseren Leistungen antreiben, in Ländern wie Schweden und Norwegen weniger stark ausgeprägt ist. Schweden und Norwegen sind Länder mit einem hohen Maß an

Vertrauen, sowohl innerhalb der Bevölkerung als auch zwischen den Bürgerinnen und Bürgern und den staatlichen Institutionen. Hier ist die Rolle der Zahlen in der Verwaltung und der Politik auch weniger ausgeprägt als in Ländern mit einem niedrigeren Vertrauensniveau. In den USA hingegen gibt es seit den 1960er-Jahren eine Kultur des grundlegenden Misstrauens der Bevölkerung gegenüber dem Staat. Und was ist das Ergebnis? Dass Zahlen und Messsysteme subjektive Einschätzungen und auf Erfahrung basierende Entscheidungen in allen Bereichen von der Schule bis zur Polizei weitgehend ersetzen. Dadurch wird das Ganze sehr starr und nicht unbedingt besonders effektiv. *Computer sagt Nein.*[*]

Aber sogar in totalitären Regimen ist der Glaube an Zahlen als ein leistungssteigerndes Instrument stark. Chinas Sozialkreditsystem (ein »Social-Scoring-System«) ist dabei das vielleicht extremste Beispiel. Das 2020 eingeführte System umfasst eine Reihe Datenbanken und Überwachungssysteme, durch die »Vertrauenswürdigkeit« von Individuen, Firmen und Organisationen beurteilt werden soll. Jedes Individuum bekommt Punkte, es gibt Belohnungen für hohe Punktestände und Strafen für diejenigen mit wenigen Punkten. Wer wenige Punkte hat, muss mit Restriktionen in Bezug auf Bildung und Reisen, langsamere Breitbandverbindungen und schlechteren Zinsen auf Darlehen rechnen. Wie Chinas Ministerpräsident Li Keqiang 2018 erklärte: »Wer an Glaubwürdigkeit verliert (also wenigerPunkte erzielt), wird schon bei den kleinsten Schritten in der Gesellschaft große Probleme bekommen.« Die verlockenden Karotten, die bessere Leistungen hervorbringen sollen, sind all die Vorteile, die demjenigen winken, der positive Punkte sammelt. Die können aus Vorzugs-

---

[*] Falls du den klassischen Little-Britain-Sketch nicht kennst, schau ihn dir im Internet an, lohnt sich!

behandlung im Krankenhaus, Steuererleichterungen und besseren wirtschaftlichen Voraussetzungen und Krediten bestehen. Die Daten stammen sowohl aus herkömmlichen Quellen wie Strafregistern, Behörden und Wirtschaftsregistern als auch von Dritten, wie netzbasierten Kreditanstalten. Chinesische Behörden experimentieren zudem mit automatisiertem Datenfischen mittels Video- und Internetüberwachung.

Die Pilotversion des chinesischen Sozialkreditsystems hat bereits Ergebnisse geliefert. 2018 bekamen Bürgerinnen und Bürger mit niedrigem Punktestand verschiedene Einschränkungen zu spüren:

128 Personen wurde aufgrund unbezahlter Steuern die Ausreise verweigert.

290 000-mal wurde Bürgerinnen und Bürgern eine Position als Führungskraft oder Repräsentant eines Unternehmens in juristischen Angelegenheiten verweigert.

1400 Hundebesitzer verloren Punkte, erhielten Geldstrafen oder bekamen ihren Hund entzogen, weil sie Hundekot nicht aufsammelten oder den Hund unangeleint laufen ließen.

5,5 Millionen Mal wurde Passagieren der Kauf von Zugtickets verweigert.

17,5 Millionen Mal wurde Passagieren der Kauf von Flugtickets verweigert.

Ob in den USA, Norwegen oder China – der Glaube an Zahlen und Messungen als leistungsförderndes und disziplinierendes Instrument ist also in den meisten Kulturen zentral. Mit Ausnahme der Mundurukú und der Pirahã am Amazonas leiden Menschen und Gesellschaften auf der ganzen Welt unter der Zahlendemie und glauben, dass man mithilfe der Zahlen überwachen, stimulieren und motivieren sowie die Leistungen steigern kann.

ZU RISIKEN UND NEBENWIRKUNGEN ...

Verständlicherweise müssen Gesellschaften, Unternehmen und Organisationen messen und quantifizieren, um zu funktionieren und leistungsfähig zu sein. Entscheidend ist vielmehr die Frage, ab welchem Punkt die Sache aus dem Ruder läuft. Wann funktioniert es nicht mehr? Ab wann wirken sich die Zahlen nicht mehr positiv, sondern sogar negativ auf die Leistung aus?

Mehrere Wissenschaftlerinnen und Wissenschaftler befassen sich mit diesem Thema, unter anderem mit dem Einsatz von Bewertungssystemen und Prämien in Unternehmen. Diese Forschungsergebnisse weisen auf einen eher geringen und kurzfristigen Effekt von finanziellen Prämien und auf eine mitunter eher kontraproduktive Wirkung hin. Die Ergebnisse dieser Studien ähneln eindeutig denen von Jordan Etkins Untersuchungen zur Selbstquantifizierung. Die Motivation von außen (in Form von Prämien) verdrängt mit der Zeit die eigene intrinsische Motivation, was den Zweck – und die Wirkung – der Prämie zunichtemacht.

Jetzt ist es ja nicht besonders schwer, auf die vielen, na, nennen wir sie »unbeabsichtigten Nebenwirkungen« des Messens und der Selbstquantifizierung hinzuweisen. Das gilt unabhängig davon, ob man sich freiwillig selbst beobachtet und quantifiziert oder ob man von anderen gemessen und quantifiziert wird. Etkin hat elegant gezeigt, dass man mittels der Selbstbeobachtung zwar auf einfache Weise eine kurzfristige Leistungssteigerung bewirken kann, die Messung aber schnell die Motivation und den Willen, weiter Leistung zu erbringen, erstickt. Ein weiterer offensichtlicher Nebeneffekt von Messungen ist, dass man sehr selbstbezogen wird, was in manchen Fällen an Narzissmus grenzt. Tim Ferriss vom Anfang dieses Kapitels gebührt vielleicht die zweifelhafte Ehre, hier als Beispiel zu dienen.

Ein dritter unbeabsichtigter Nebeneffekt besteht unter Umständen darin, dass man sein Verhalten an messbaren Werten ausrichtet. Wenn eine App die Kalorien oder die Anzahl der Schritte für eine bestimmte Übung nicht zählen kann, klammert man diese Übung einfach aus. Sonst stimmt hinterher die Rechnung nicht, klar. In Unternehmen und Organisationen ist dies insbesondere im Zusammenhang mit der Entwicklung von Managementsystemen und Kennzahlen ein bekanntes Problem. Die Beschäftigten neigen dazu, ihr Verhalten danach auszurichten, was gemessen und belohnt wird, und andere – oft ebenso wichtige – Aufgaben weniger zu priorisieren. Ein weiterer Nebeneffekt ist die Tatsache, dass Messungen zu Schummeleien und Selbstbetrug führen können. Das reicht vom Schütteln des Smartphones, um mehr Schritte in der App aufzuzeichnen, bis zur Einstufung von Ketchup als Gemüse beim Kalorienzählen. Immerhin sind Tomaten die Hauptzutat von Ketchup.

Ein weiterer häufiger Nebeneffekt von Messungen ist, dass man den Zahlen vertraut, auch wenn man besser hinterfragen sollte, ob sie vielleicht falsch oder ungenau sind. Was eigentlich leistungssteigernd sein sollte, bewirkt dann schnell das Gegenteil. Ein Beispiel: Wenn die Zahlen in deiner Schlaf-App aufzeigen, dass du schlecht geschlafen hast, fühlst du dich tagsüber müde und bist schlecht gelaunt. Auch wenn die App möglicherweise falsch gemessen hat und du in Wirklichkeit geschlafen hast wie ein Murmeltier.

Ein letzter unbeabsichtigter Nebeneffekt von Messungen besteht in der Gefahr, dass man sich zu sehr auf die Verbesserung der gemessenen Werte konzentriert. Wer Gewicht und Kalorienzufuhr überwacht, riskiert sowohl, dass er zu viel abnimmt, als auch, dass mit den Kalorien auch die Lebensfreude verschwindet.

Im vergangenen Jahr waren wir zur Feier unseres Hochzeitstags mit der ganzen Familie in den USA. Unsere Mütter waren auch dabei. Weil es für unsere Mütter der erste Besuch in New York war, besuchten wir alle Sehenswürdigkeiten und zeigten ihnen unsere Lieblingsplätze. So oft wie möglich gingen wir zu Fuß. Unser Sohn hatte ein neues Telefon, das automatisch aufzeichnete, wie lange es (also wir) am Tag in Bewegung war, und jeden Abend erzählte er uns, wie weit wir gelaufen waren. Als er am letzten Abend berichtete, dass wir eine längere Strecke zurückgelegt hatten als an allen anderen Tagen, fast 50 Prozent mehr, feierten wir das ein bisschen. Immerhin hatten wir mit einem Höhepunkt abgeschlossen, der letzte Tag war der beste. Erst auf dem Heimflug ging mir auf, dass der Grund für diese besonders lange Strecke der war, dass wir das meiste, was wir sehen wollten, bereits gesehen hatten (weil uns die Zahlen in den letzten Tagen dazu angespornt hatten, Gas zu geben). An diesen letzten Tag hatte eigentlich keiner von uns besondere Erinnerungen, außer eben, dass wir gingen und gingen und gingen …

Micael

Was können wir aus alldem ableiten, wie sieht die Dosis Zahlenimpfstoff diesmal aus?

1. Schalte zwischendurch deine Mess-Apps ab, wenn du nicht gerade Spitzensportler oder aus medizinischen Gründen darauf angewiesen bist.

2. Erinnere dich daran, dass die intrinsische Motivation die extrinsische immer in die Tasche steckt. Und daran, dass

Karotten schlechter schmecken, wenn man sie isst, um abzunehmen.

3. Messen und Zählen kann unsere Motivation dämpfen und zu Selbstbetrug führen. Sei ehrlich mit dir.

4. Denk an die Geschichte von Hugo Campos und seinem Defibrillator. Deine Zahlen gehören dir. Gib sie nicht an Fitbit, Google oder andere weiter, wenn du nicht weißt, ob du sie zurückbekommst.

5. Führ dir vor Augen, dass Zahlen und Messungen starke unbeabsichtigte Nebenwirkungen haben.

Aber noch sind wir nicht damit fertig, was du machst und was die Zahlen mit dem, was du machst, machen. Sie beeinflussen nämlich nicht nur Motivation und Leistung. Sie wirken sich auch darauf aus, wie du das, was du tust, erlebst und lernst.

ZAHLEN UND ERFAHRUNGEN

5

Vor einigen Jahren durfte ich bei einer großen IT-Konferenz in Miami Beach den Abschlussvortrag halten. Eine große Ehre und ich freute mich sehr darauf. Die Konferenz fand in einem superschicken Hotel statt, das ich mir nie hätte leisten können, aber so durfte ich vor meinem Vortrag eine Woche mit meiner Familie dort verbringen und fühlte mich wie auf Wolken. In dem Hotel fehlte es an nichts, es hatte Geschichte, berühmte Gäste, Atmosphäre und eine herrliche Umgebung. Ich erinnere mich, wie ich mir vorstellte, meinem Freundeskreis und meiner Verwandtschaft zu Hause davon zu erzählen.

Aber als ich ausgecheckt hatte und auf das Flughafen-Shuttle wartete, meldete sich mein Telefon: »Bitte bewerten Sie Ihren Aufenthalt bei uns.« Man bat mich darum, vom Zimmer über das Essen, den Service und die Sauberkeit bis hin zum Geräuschpegel und der Umgebung auf einer Skala von 1 bis 10 zu bewerten. Und obwohl der Aufenthalt ganz fantastisch gewesen war, konnte ich für die Sauberkeit nicht mehr als eine 7 vergeben, denn immerhin lagen ja hier und da große Blätter herum, die die Meeresbrise von den Palmen heruntergeweht hatte. Dasselbe galt für den Geräuschpegel, der doch recht hoch war, wenn abends Musiker auftraten. Als ich alles bewertet hatte, landete ich bei einer Durchschnittsbewertung von acht von zehn möglichen Punkten.

Und das wars dann auch damit. Der fantastische Aufenthalt, den ich gerade hinter mir hatte, war im Ergebnis eine 8 und kam mir auf einmal gar nicht mehr so fantastisch vor. Als ich nach Hause kam und gefragt wurde, wie es mir auf der Konferenz ergangen war, antwortete ich, es sei gut gewesen, und »mein Hotel war eine 8«. Keine vor Begeisterung triefenden Berichte über all meine Erlebnisse, denn eine 8 ist ja wohl kaum weiter erwähnenswert, oder?

Das Bewerten hat meine Erfahrung buchstäblich geschmälert. Von etwas, über das ich mich zu erzählen freute, zu dem mir beinahe die Worte fehlten, um es in all seinen Dimensionen zu beschreiben (wahrscheinlich hätte ich mir mit wildem Gestikulieren beholfen), blieb nur etwas, das in einer einzigen, fast traurigen Zahl zusammengefasst werden konnte.

Micael

Wie konnte das geschehen?
Weil die Zahlen dafür gesorgt haben.

Zahlen summieren und reduzieren. Alles, was undefiniert und durcheinander ist, nehmen sie und verwandeln es in etwas Exaktes. Erlebnisse sind schwammig, Zahlen präzise (immerhin sind sogar extra Neuronen dafür zuständig).

Unsere Erfahrungen setzen sich aus einer Menge unterschiedlicher Eindrücke zusammen, bei denen mehrere Sinne im Spiel sind – wir fühlen, hören, sehen, riechen und schmecken. Die Mischung all dieser Eindrücke macht jedes Erlebnis einzigartig. Genau das ist ja das Tolle. Es führt aber auch dazu, dass man sie schwer vermitteln und erklären kann, manchmal sogar sich selbst gegenüber. Unsere Erlebnisse können durch alle möglichen Faktoren beeinflusst werden, und das gilt auch für das, von dem wir *glauben*, dass wir es erleben sollten. Nehmen wir beispielsweise etwas wie Schmerz. Ist zwar nicht gerade eine schöne Erfahrung, aber doch eine Erfahrung. Ob wir Schmerzen spüren können, nur weil wir *glauben*, dass etwas schmerzt? Es gibt einen inzwischen 25 Jahre alten Fall, bei dem ein Bauarbeiter vom Gerüst fiel und mit dem Fuß aufrecht auf einem 15 Zentimeter langen, aus einem Brett herausragenden Nagel landete. Der Nagel drang geradewegs durch den Arbeitsstiefel des Bauarbeiters, der vor Schmerz zu schreien anfing. Er hatte solche Schmerzen, dass die Ärzte ihm das starke (und gefährliche) Medikament Fentanyl verabreichen mussten, das beinahe hundertmal stärker ist als Morphin. Doch als es letztendlich gelang, den Stiefel zu entfernen, zeigte sich, dass der Nagel zwischen zwei Zehen durchgedrungen und der Bauarbeiter größtenteils unverletzt geblieben war. Der Fall war so einzigartig, dass ein wissenschaftlicher Artikel im British Medical Journal darüber erschien.

Das funktioniert auch in die entgegengesetzte Richtung: Wir empfinden erheblich weniger Schmerz, als wir sollten, wenn wir fest davon überzeugt sind, dass alles in Ordnung sei. Unsere Erfahrungen sind nicht nur in höchstem Maße individuell, sondern werden auch davon geprägt, was um uns herum geschieht, wie wir uns fühlen, was wir glauben und sehen, und von allerlei anderen Gegebenheiten. So wird es nahezu unmöglich, das Erleben einer Person mit dem einer anderen exakt zu vergleichen.

Das ist auch mit ein Grund dafür, warum Patienten ihren eigenen, subjektiven Schmerz beschreiben sollen, wenn sie für die Behandlung kategorisiert werden. Der subjektive Schmerz kann mit Worten (verbale Bewertung) oder mit Ziffern benannt werden. Und hier wirds interessant: Es gibt nämlich mehrere Studien über diese Arten der Klassifizierung von Schmerz, und alle kommen zu denselben beiden Schlussfolgerungen. Erstens: Die beiden Klassifizierungsformen passen nicht besonders gut zusammen; so verwendet Person A beispielsweise ein stärkeres Wort für Schmerz als Person B, obwohl Person B eine höhere Zahl ansetzt als A. Zweitens gibt es einen größeren Variationsspielraum, wenn Patienten den Schmerz mit Worten bewerten anstatt mit Ziffern. Auf Worten basierende Einschätzungen umfassen mehrere verschiedene Wortkategorien, vom schwächsten bis zum stärksten Wort, während sich die numerischen Einteilungen mehrheitlich nur um eine Handvoll Zahlen eher in der Mitte der Skala gruppieren.

DAS BEWERTETE LEBEN

Die Zahlen machen also mit dem Schmerz dasselbe wie mit Micaels Hotelbesuch – sie mindern die Erfahrung. Bei Schmerzen mag es ja ganz erfreulich sein, wenn das Erlebte weniger stark nachklingt, aber der Punkt ist, dass Zahlen sogar gesundheitliche Erfahrungen und Zustände beeinflussen.

Schlimmer noch, jedenfalls für alle Filmfans, ist, dass sie auch unsere Seherfahrungen reduzieren. Da schafft es ein Film womöglich, in ein, zwei Stunden wirklich alles zu bieten – Humor, Spannung, Überraschungsmomente und vielleicht sogar Tränen –, doch wenn wir ihn hinterher bewerten, werden all diese Eindrücke auf eine einzige kleine Zahl zwischen (meistens) eins und fünf reduziert. Etwas beklemmend ist dabei, dass die Zahl immer kleiner wird, je mehr Bewertungen wir abgeben. Dieses Muster entdeckten amerikanische Wissenschaftler, als sie Hunderttausende Filmrezensionen auf Netflix analysierten. Jedes Mal wenn ein Zuschauer einen neuen Film bewertete, sank die Wahrscheinlichkeit ein wenig, dass er eine hohe Zahl vergeben würde. Genau wie bei den Schmerzzahlen gab es eine Häufung etwa in der Mitte der Skala.

Schlimmer noch: Die Zahlen mindern auch unser Glücksempfinden. Das entdeckte Micael, als er 1000 Personen darum bat, über mehrere Wochen ihr Glücksempfinden in unterschiedlichen Lebensbereichen wie Arbeit, Freizeit, Gesundheit und Beziehungen zu bewerten. Je mehr Wochen vergehen, desto niedriger setzten die armen Teilnehmenden im Durchschnitt die Zahlen für das empfundene Glück in allen Lebensbereichen an.

Die Zahlen rauben nämlich den Erlebnissen den Reiz und das Einzigartige und bringen uns dazu zu denken, alles sei genau und vergleichbar. Je mehr Erfahrungen wir miteinander vergleichen (und das tun wir jedes Mal, wenn wir sie bewerten, häufig völlig unbewusst), desto schwieriger wird es für jedes einzelne Erlebnis, als etwas Besonderes herauszustechen und eine hohe Punktzahl zu erreichen. Auf diese Weise verschiebt sich unser Referenzpunkt, sodass eine angenehme Erfahrung, die früher vielleicht eine 4 bekommen hätte, nun nur noch als 3 wahrgenommen wird. Und weil Zahlen genau sind und die Zahl 3 klar und deutlich niedriger ist als die Zahl 4, läuft es mitunter darauf hinaus, dass die angenehmen Erlebnisse gar nicht mehr ganz so angenehm sind.

Die Zahlen verwandeln uns. Von neugierigen Beteiligten an unseren eigenen Erfahrungen werden wir zu professionellen Kritikern, die jederzeit ein Fazit in Form präziser Zahlen ziehen und alles miteinander vergleichen können. Und in dem Maß, wie die Zahlen sich in immer mehr Erfahrungen und Lebensbereiche einschleichen, wenn wir von Hotels und Filmen über Restaurantbesuche, Arzttermine, Vorlesungen (auf das Thema kommen wir als fürs Leben gezeichnete Dozenten später noch zu sprechen) bis hin zu Toilettenbesuchen einfach *alles* bewerten sollen, bekommen sie viel zu viel Macht in unserem Leben.

Und nicht genug damit, dass unsere inneren Kritiker sich die Deutungshoheit über unsere eigenen Erfahrungen unter den Nagel reißen, sie reißen auch die Macht über die Erlebnisse anderer an sich. Denn die Noten, die wir Hotels, Filmen, Toiletten und allem anderen so geben, werden ja häufig zu einer Durchschnittsbewertung zusammengeworfen, die andere auch zu sehen bekommen. »Dieses Hotel wurde von anderen Gästen mit durchschnittlich 3,7 Punkten bewertet.« Ist der Effekt wirklich derselbe wie wenn wir die Bewertung selbst vergeben, es sind ja immerhin Zahlen bezüglich der Erlebnisse anderer und nicht unserer eigenen?

Leider lautet die Antwort Ja. Das haben wir herausgefunden, indem wir einigen Hundert Menschen einen neuen Schokoriegel zu probieren gaben. Einer von Schwedens größten Schokoladenherstellern wollte gerade eine neue Geschmacksrichtung auf den Markt bringen, und wir durften die Gelegenheit nutzen, die Menschen zum ersten Mal kosten zu lassen – und uns eine Bewertung anderer auszudenken, die ihn angeblich schon probiert hatten. Der einen Hälfte der Versuchsteilnehmer wurde vor dem Test mitgeteilt, dass die anderen dem Riegel eine relativ niedrige Durchschnittsbewertung gegeben hatten, weniger als fünf von zehn. Dem Rest wurde gesagt, die anderen hätten eine ziemlich hohe Bewertung abgegeben, weit über der 5. Danach durften sie alle selbst kosten und bewerten. Die erste Gruppe verpasste dem Geschmack eine erheblich niedrigere Bewertung als die zweite. Wir baten außerdem darum, das Geschmackserlebnis auch mit Worten zu beschreiben, und diejenigen, die schlechtere Noten vergeben hatten, benutzten eher schwache Ausdrücke wie »okay« und »nicht so besonders«. Die andere Gruppe neigte deutlich mehr dazu, Wörter wie »sehr lecker« oder »mega« zu verwenden. Alle hatten denselben Schokoriegel gekostet, aber die Zahlen, die man ihnen vorher gesagt hatte, führten zu völlig unterschiedlichen Bewertungen.

Funktioniert das auch umgekehrt? Können die Zahlen anderer unsere Erfahrungen sogar im Nachhinein beeinflussen, wenn wir unser Fazit bereits gezogen haben?

Auch das testeten wir mithilfe von Schokolade. Hundert Personen durften den neuen Schokoriegel probieren, und *nachdem* sie das getan hatten, erfuhr die eine Hälfte der Gruppe, dass die andere Hälfte einen Durchschnitt von unter fünf vergeben hatte, und die andere, dass dieser über fünf läge. Und das Ergebnis war genau das gleiche wie im vorigen Versuch: Diejenigen, die die niedrige Zahl zu sehen bekamen, vergaben auch selbst eine niedrigere Punktzahl und verwendeten schwächere Ausdrücke, um ihr Geschmackserlebnis zu beschreiben, während diejenigen, die die höhere Zahl gezeigt bekamen, ihr Erlebnis sowohl mit höheren Zahlen als auch stärkeren Wörtern beschrieben.

Wir halten die Zahlen für so dermaßen präzise, dass wir sogar bereit sind, im Nachhinein unser Fazit über eine eben gemachte Erfahrung zu ändern.

HAT MIR DAS EIGENTLICH GEFALLEN?

Ist das womöglich die Erklärung dafür, warum wir so empfänglich für die Anzahl der Likes sind, die wir für Bilder von Partys, Reisen, Mittagessen und anderem, was wir so auf Instagram posten, sind? Weil die Zahl unter dem Bild uns Auskunft darüber gibt, wie gut das Erlebte eigentlich war? Die meisten waren wohl schon das eine oder andere Mal enttäuscht, wenn sie deutlich weniger Likes als erhofft für ein Bild bekommen haben, das ihrer Meinung nach für ein ganz und gar großartiges Erlebnis stand.

> Ich war auf einem richtig tollen Konzert. Da spielte eine Band, die ich erst vor Kurzem entdeckt hatte, und ich war überrascht, wie unfassbar gut sie live waren und wie überwältigend die Stimmung im ausverkauften Globe war, wie sehr sie das Publikum mitrissen (wir Schweden sind ja nicht unbedingt bekannt dafür, in der Öffentlichkeit unseren Gefühlen freien Lauf zu lassen). Als ich später am Abend nach

Hause kam, googelte ich nach Rezensionen zum Konzert. Das ist ja an sich schon irgendwie seltsam, ich war schließlich selbst dort und wusste genau, wie gut es gewesen war. Aber ich wollte wahrscheinlich noch ein bisschen in der herrlichen Stimmung schwelgen und das Erlebnis noch ein wenig auskosten, indem ich mir durchlas, was andere schrieben. Ich klickte auf den ersten Treffer der Google-Suche, eine Rezension in einer großen Boulevardzeitung. Zu meiner Überraschung begann der Rezensent mit der Feststellung, dass er dem Konzert drei von fünf Punkten geben würde. Und obwohl ich die Meinung des Miesepeters über die Performance, die Song-Auswahl und ungefähr alles andere so gar nicht teilte, wurde ich diese Zahl im Nachhinein nicht mehr los. Drei von fünf. Ich ertappte mich doch tatsächlich bei dem Gedanken, dass »das Konzert dann vielleicht doch nicht ganz so super war, oder?«.

Micael

Zurück zu Instagram. Wir baten beinahe 2000 Menschen darum, ihre letzten Beiträge zu beschreiben und die mit dem jeweiligen Bild verbundene Erfahrung in Zahlen und Worten zu bewerten. Die eine Hälfte durfte vorher schauen, wie viele Likes der Beitrag bekommen hatte, die andere erst hinterher. Rate mal, was dabei herauskam? Genau, die Bewertung, die die Teilnehmer ihrem eigenen Erlebnis verpassten, hing damit zusammen, wie viele Likes sie bekommen hatten: je mehr Likes, desto besser die Bewertung. Das kommt vermutlich daher, dass die meisten irgendwo im Hinterkopf behalten, ob der Beitrag wenige oder viele Likes bekommen hat; die meisten Herzen trudeln ja binnen weniger Stunden nach der Veröffentlichung ein, deshalb verschmelzen die Erinnerung an den Beitrag und die Likes miteinander. Es ist schlicht und einfach nicht möglich, das Erlebnis von der Zahl zu trennen. Der ausschlaggebende Beweis ist, dass dieser Zusammenhang umso stärker zutage trat, wenn die Teilnehmer *vorher* nach der Anzahl der Likes schauen durften. Da führten viele Likes zu noch besseren Noten und dazu, dass die Teilnehmer mit noch stärkeren Wörtern beschrieben, wie wunderbar und toll das Erlebte war.

So viel zu »Man muss dabei gewesen sein«.

Das Bemerkenswerte und Unheimliche daran, wie die Anzahl der Likes unsere Erfahrung beeinflusst, ist, dass die Zahl so rein gar nichts mit dem Erlebten zu tun hat. Der Miesepeter von einem Rezensenten und du, ihr wart immerhin beim selben Konzert, die anonymen Menschen hinter den Durchschnittsbewertungen eines Restaurants, das du besucht hast, haben immerhin auch tatsächlich das gleiche Essen gegessen wie du oder waren immerhin im selben Restaurant. Aber die Anzahl der Likes für die Postings auf Instagram kommen von Menschen, die gar nicht dort waren, die nicht das erlebten, was du erlebt hast, die überhaupt keine Ahnung davon haben, wie es eigentlich war. Trotzdem wird diese Zahl zu einer Art Fazit deiner Erfahrung.

Und es wird noch unheimlicher. Es besteht nämlich die Gefahr, dass du zulässt, dass diese Zahl deine Entscheidung beeinflusst, was du als Nächstes erleben möchtest und wie. Geh mal auf deinen Instagram-Kanal und guck nach. Anfangs hast du vermutlich Fotos von allerhand Ereignissen und Erlebnissen gepostet, wovon bestimmte mehr Likes kassierten als andere. Erkennst du da ein Muster, dass du später mehr Bilder von Erlebnissen veröffentlicht hast, die an solche erinnern, die mehr Likes bekommen hatten, und weniger oft Bilder von Erfahrungen, die denen mit weniger Likes ähnelten? Als wäre die Anzahl der Likes ein Fazit dessen, welche Erfahrungen es wert sind, anderen davon zu erzählen – oder sogar wert, sie überhaupt zu machen?

Und hast du dich schon einmal dabei ertappt, dass du in einem Restaurant ein Gericht danach ausgewählt hast, wie viele Likes es dir wohl bringen könnte, wenn du ein Foto davon bei Insta einstellst, anstatt nach dem Geschmack? Vielleicht wählen mehr Leute, als wir glauben, ihre Mahlzeiten nach den potenziellen Likes anonymer, nicht einmal anwesender Menschen aus anstatt nach den Empfehlungen des Servicepersonals (»Die wissen ja nicht, was ich mag, und deshalb sagen die bestimmt einfach nur, was man ihnen aufgetragen hat«) oder sogar nach dem, was die eigene Tischgesellschaft vorschlägt (»Ich kenne xy, und unsere Geschmäcker sind schließlich ganz und gar verschieden«).

Die Anzahl der Likes ist eine Zahl, die all das Spritzige und Subjektive auslöscht, was unsere Erfahrungen einzigartig macht. Wenn jemand anderes Erlebtes in Worten beschreibt, sind wir recht gut in der Lage, es als das Erlebte *genau dieser* Person zu betrachten, als *eine* Erfahrung. Doch wenn die Person stattdessen eine Zahl zu Hilfe nimmt, betrachten wir das plötzlich als Schlussfolgerung, als *die* Erfahrung schlechthin.

Es ist sogar so übel, dass ein Autor eines Buchs über trügerische Zahlen (rat doch mal, welcher, deine Chancen auf die richtige Antwort stehen 50:50!), sich immer noch ärgert, dass er vor einigen Jahren eine Vorlesung gegeben hat, die weltweit ausgestrahlt wurde und sich wie eine 10 anfühlte – die aber bei der Auswertung der Veranstalter nach einer Umfrage unter den Hörerinnen und Hörern »lediglich« einen Durchschnitt von sieben ergab. Er las sich durch die Kommentare derer, die eine schlechte Bewertung abgegeben hatten, und in fast allen ging es darum, dass Bild und Ton asynchron waren. Mit anderen Worten: Die niedrigen Zahlen hatten überhaupt nichts mit seiner Leistung als Dozent zu tun. Aber was hilft das schon, wenn sie doch den Durchschnittswert senkten? Die Kommentare zu Ton und Bild abzuschütteln war leicht. Doch die Zahl bleibt immer noch im Kopf. Er (der gerne anonym bleiben möchte …) schämt sich ehrlich gesagt immer noch und ist traurig darüber, dass Menschen diese Bewertung sehen und zu der Auffassung kommen können, dass er als »Topvortragsredner« ein Bluff ist (und er empfindet sich auch als solcher, sogar jetzt, während er über diese Zahl schreibt).

Wenn wir zulassen, dass die Zahlen anderer sogar zum Fazit unserer eigenen Erfahrungen werden, wie beeinflussbar sind wir dann im Zusammenhang mit Dingen, die wir *nicht* selbst erlebt haben? Beispielsweise wenn wir uns für einen Film oder ein Restaurant entscheiden?

Überleg einmal. War dir schon einmal danach, einen Film anzuschauen, aber dann hast du dich doch dagegen entschieden, nachdem du gesehen hast, dass irgend so ein Miesepeter von einem Rezensenten eine niedrige Punktzahl dagelassen hat? Und vielleicht hast du nicht einmal gelesen, was der Rezensent schrieb, oder es doch gelesen und bist dahintergekommen, dass er ein Miesepeter ist (denn das werden wir ja bekanntlich, wenn wir zu viele Bewertungen vergeben), konntest die niedrige Zahl aber irgendwie nicht loswerden? Oder du hast auf einen Besuch in einem bestimmten Restaurant verzichtet, weil es zu niedrige Bewertungen bekommen hat (»der Kellner hatte keine Ahnung von französischen Weinen«, dabei trinkst du nicht einmal französische Weine, aber trotzdem ist eine Zahl doch eine Zahl)?

Für welches Hotel würdest du dich entscheiden? Das, das den Rezensionen nach ein spitzenmäßiges Zimmer und ein leckeres Frühstück bietet? Oder das, das laut Rezensionen ein ganz passables Zimmer und ein annehmbares Frühstück bietet? Da fällt die Wahl doch verhältnismäßig leicht. Aber wenn man dir mitteilte, dass das erste Hotel die Bewertung 3 und das zweite eine 5 bekommen hatte? Dann ist die Antwort nicht mehr ganz so selbstverständlich.

Wir konnten das Testen einfach nicht lassen und gaben 1000 Personen eine Hotelrezension zu lesen. In einer Variante der Rezension beschrieb die (frei erfundene) Person das Hotel mit ziemlich schwachen Wörtern (unter anderem, dass das Frühstück in Ordnung und das Zimmer so einigermaßen gewesen sei), gab dem Hotel aber trotzdem die Bestnote (fünf Punkte). In einer anderen Variante schrieb die Person stattdessen sehr positiv (unter anderem, dass das Frühstück wohlschmeckend und das Zimmer hervorragend gewesen seien), gab dem Hotel aber im Durchschnitt drei Punkte. Obwohl die schriftlichen Rezensionen deutlich mehr Informationen über positive und negative Aspekte enthielten, ließen sich die Befragten mehr von der Zahl beeindrucken (die ja im Grunde überhaupt keine Information enthält), als sie entscheiden sollten, ob sie in dem Hotel übernachten wollen würden. Im Durchschnitt neigten sie mehr dazu, in dem Hotel mit der Höchstwertung wohnen zu wollen (obwohl die Rezensionen zu Frühstück, Zimmer und so weiter eher mau waren) anstatt in dem Hotel, das die Durchschnittsbewertung 3 bekommen hatte (dafür aber erheblich positivere Worte bezüglich dessen, was man dort erwarten konnten).

Der abschreckende Effekt niedriger Zahlen hat einem unschönen Phänomen Auftrieb gegeben: Da vergeben Menschen zu Sabotagezwecken bewusst niedrige Wertpunkte. Besonders kleinere Unternehmen wie Restaurants, Cafés, Hotels und Boutiquen sind gefährdet, weil sie nicht so viele Kunden haben, die überhaupt Bewertungen abgeben, und jede neue Zahl deswegen einen verhältnismäßig großen Effekt auf die Durchschnittsbewertung hat.

Doch auch große Firmen haben schlechte Erfahrungen mit diesen sogenannten *sabo-ratings*, den bewusst niedrigen Bewertungen zu Sabotagezwecken, gemacht. Zum Beispiel gab es Schlagzeilen, als Facebook eine Gruppe schloss, deren Ziel und Zweck darin bestanden hatte, Menschen zu versammeln, die Marvels Film *Black Panther* auf der Plattform Rotten Tomatoes die niedrigste Bewertung geben sollten, um das Publikum abzuschrecken und zu verhindern, dass es sich den ersten Film über einen schwarzen Superhelden anschaute. Disney sah sich mit mehreren ähnlichen Sabo-Ratings seiner Filme konfrontiert, CNNs Smartphone-App bekam innerhalb eines Tages Tausende Ein-Sterne-Bewertungen, nachdem dort negativ über Donald Trump berichtet worden war, und das Luxushotel Boca Raton Resort in Florida konnte dabei zuschauen, wie seine Durchschnittsbewertung binnen weniger Stunden in Rekordgeschwindigkeit in den Keller sauste, nachdem ein YouTube-Star seine Abonnenten zur Sabotage aufgefordert hatte.

Sabo-Ratings schaffen zudem noch mehr Probleme, indem sie die zahlenbasierten Algorithmen beeinflussen, die darüber entscheiden, wie weit oben auf diversen Listen Suchergebnisse und Bewertungen von Restaurants, Hotels und Geschäften bei Google, Yelp, TripAdvisor und Ähnlichen landen. Die Algorithmen stützen sich weit mehr auf Zahlen als auf Wörter, genau wie wir Menschen. Alles, was mit niedrigen Zahlen daherkommt, wird nach unten geschubst oder ganz beiseitegepackt.

Zahlen lügen nicht, sagt der Volksmund. Tun sie aber doch. Denk daran, wenn du das nächste Mal etwas bewerten sollst oder nachschaust, welche Bewertungen andere vergeben haben.

Und sei dir bewusst, dass die Bewertung, die du selbst vergibst, beeinflusst, welche Bewertungen andere der gleichen Erfahrung geben, und umgekehrt. Weil wir dazu neigen, Zahlen als Fazit zu betrachten, neigen wir auch dazu, selbst Zahlen im Durchschnittsbereich zu vergeben, ganz egal, wie wir eigentlich über unsere Erfahrung denken (falls wir überhaupt eine gemacht haben!). Amerikanische Forscher, die Filmkritiken auf Metacritic, Buchrezensionen auf Amazon und Restaurantbewertungen auf Yelp untersuchten, fanden heraus, dass der Zufall bei den Durchschnittsbewertungen seine Finger im Spiel hat, je nachdem, wer vorher Bewertungen vergeben hat. Wenn eine unzufriedene Person (sauertöpfische Rezensenten etwa oder Sabo-Raters) zuerst am Zug war, dann gaben die Nachfolgenden niedrigere Bewertungen ab, als wenn die ersten Bewertungen von gut gelaunten Personen kamen. Dass es nur der Zufall war, der über die Durchschnittsbewertung entschied, indem die Beteiligten offenbar die erste Durchschnittsbewertung als eine Art Fazit betrachteten und mehr oder weniger kopierten, zeigte sich, als die Forscher die Zahlen mit dem verglichen, was in den Textrezensionen stand, und herausfanden, dass die Texte kaum im Zusammenhang mit der Zahl zu stehen schienen (und einen ganz anderen Effekt auf die tatsächlichen Verkaufszahlen hatten).

> Zurück zu dem schicken Hotel, ein Jahr nach Micaels Besuch. Nach Micaels (unmittelbarer und wortreicher) Empfehlung und nicht zuletzt aufgrund des positiven Rankings auf TripAdvisor und booking.com beschloss ich, dem Hotel eine Chance zu geben. Die Durchschnittsbewertung ist volle 8,1 Punkte. Lage: 8,6! Fröhlich und erwartungsvoll trifft die ganze Familie in Miami Beach ein und wird von Palmen, langen Stränden und strahlendem Sonnenschein willkommen geheißen. Das Erste, was ich im Uber nachschaue (nach der Punktzahl des Fahrers), ist die Adresse des Hotels auf booking.com. Und da sehe ich, dass sich die Note des Hotels verschlechtert hat. Von 8,1 auf 7,9! Offenbar hat sich über Nacht etwas in dem Traumhotel verändert. Und als ich verzweifelt durch die Zahlen scrolle, begreife ich, was: Die »Wifi connection« im Poolbereich hat nur noch 6,7 Punkte bekommen. »Value-for-money« in der Außengastronomie 7,6.
>
> Und was glaubst du, was als Nächstes passiert? Genau. Einen großen Teil meines Aufenthalts verbringe ich damit,

nach schlechtem WLAN zu suchen und mich darüber zu ärgern, genauso wie über den lauwarmen Weißwein im Poolbereich für 17 Dollar pro Glas, plus Trinkgeld. Währenddessen toben Frau und Kinder mit ihren Virgin Piña Coladas und dem breitesten Lächeln der Welt im Gesicht in dem herrlichen Poolbereich herum. Selig unwissend, was die sinkenden Werte auf booking.com und TripAdvisor angeht.

Helge

700 000 – UND DANN KOMMST DU ...

Hier hätten wir aufhören können. Aber dann ist uns beim Schreiben eine Pandemie dazwischengekommen. Eine Pandemie, die Tag für Tag die Nachrichten mit Zahlen füllte. Mit der Anzahl der Covid-19-Infektionen und den vielen verschiedenen Mutationen des Virus, und mit der Anzahl der berichteten Todesfälle. Das wunderte uns, beunruhigte uns. Wenn Zahlen unser Erleben beeinflussen, sogar unser Schmerzempfinden und die Gesundheit im Allgemeinen, wie wir zu Anfang des Kapitels beschrieben haben, wie wirken sich dann die diversen Coronazahlen auf das Wohlbefinden der Menschen aus? Was passiert, wenn Zahlendemie und Pandemie aufeinandertreffen?

Im Winter 2021 befragten wir rund 2000 Schwedinnen und Schweden, wie gesund sie sich aktuell fühlen, wie sie die Ansteckungsgefahr allgemein einschätzen und inwiefern sie sich sorgten, sie könnten sich anstecken. Ein Drittel durfte die Fragen unmittelbar beantworten, während ein Drittel zuerst die neuesten Infektionszahlen aus den Nachrichten vorgelegt bekam und dem letzten Drittel stattdessen die berichteten Todesfälle genannt wurden.

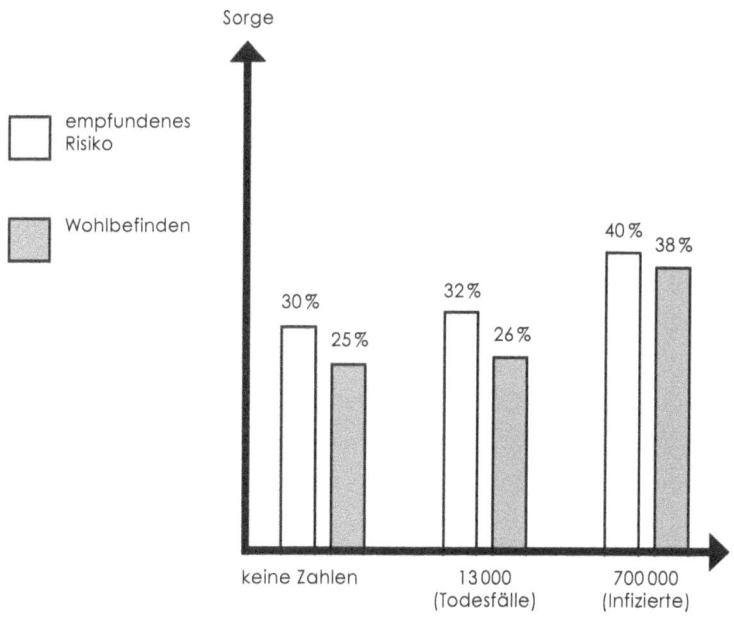

Diejenigen, die die Fragen gleich beantworteten, gaben im Durchschnitt an, dass sie die Wahrscheinlichkeit, dass sie sich selbst ansteckten, auf etwa 30 Prozent schätzten (und die Wahrscheinlichkeit für irgendeinen anderen durchschnittlichen Schweden interessanterweise bei über 40 Prozent). Das war weit mehr als die knapp 7 Prozent, die sich im vergangenen Jahr tatsächlich angesteckt hatten, was sicher darauf zurückzuführen war, dass alle Zahlen, mit denen sie bereits auf allen Kanälen bombardiert worden waren, das Gefühl vermittelten, die Infektionsquote sei sehr viel höher.

Doch das Drittel, das die aktuelle Zahl 700 000 zu sehen bekam, schätze das Risiko noch höher ein, ungefähr 10 Prozent mehr (sowohl für sich selbst als auch für andere), und im selben Maße wuchs auch die Sorge! Wirkt jetzt vielleicht ein bisschen eigenartig, denn es ist ja nicht besonders schwierig auszurechnen, dass 700 000 gerade einmal knapp 7 Prozent von rund 10 Millionen sind (was, wie wir alle wissen, die Einwohnerzahl Schwedens ist). Wie wir jedoch bereits gezeigt haben, können wir Menschen uns nicht gegen instinktive Reaktionen auf Zahlen wehren – und 700 000 ist doch eine riesengroße Zahl, viel größer als alles, was wir von Natur aus verstehen und handhaben können sollten. Das erklärt auch, warum diejenigen, die stattdessen die deutlich niedrigere Zahl der 13 000 Todesfälle genannt bekamen, die Gefahr kleiner einschätzten und sich weniger Sorgen machten – aber dennoch mehr Sorgen als diejenigen, die gar keine Zahl gesehen hatten.

Nun könnte der Grund für die beiden unterschiedlichen Zahlen in Sachen Risikobewertung und Sorge sein, dass es näherliegend scheint, man könnte sich anstecken als zu sterben (woran wir Menschen am liebsten gar nicht denken möchten, weshalb wir uns davon ganz distanzieren). Deshalb machten wir ein Experiment und drückten die Zahlen stattdessen in Prozent aus; 7 Prozent Infektionen und 0,2 Prozent Todesfälle. Das Ergebnis? Angesichts der Formulierung »7 Prozent Infizierte« empfanden die Befragten ein geringeres Risiko und weniger Sorgen als angesichts der Zahl »700 000«, aber immer noch mehr als angesichts der noch niedrigeren Zahl von 0,2 Prozent Todesfällen. Trotzdem war es immer noch ein Deut mehr als diejenigen, denen überhaupt keine Zahl gesagt worden war.

Das zeigt ziemlich deutlich, wie schwer es uns fällt, uns gegen die Zahlen zu wehren. Schon eine relativ kleine Zahl ist greifbarer und beängstigender als die diffuse und einfach zu ignorierende Vorstellung, dass viele Menschen betroffen sind.

Das könnte erklären, warum die Anzahl der Menschen, die unter Angstzuständen, Depressionen und psychischen Erkrankungen leiden, in den ersten Jahren der Pandemie anstieg, warum sowohl die tatsächliche als auch die gefühlte Isolation zunahm und vielleicht auch teilweise, warum die Behörden in Schweden, Norwegen und anderen Ländern den Drang zu endlosen Pressekonferenzen und Kurzschlussreaktionen verspürten. Die Zahlen sind zu handfest und groß, um nicht sofort darauf zu reagieren.

Diese Schlussfolgerungen lassen erahnen, dass das allgemeine Unwohlsein in einer Gesellschaft, in der wir ständig mit Zahlen aller Art gefüttert werden, womöglich größere und besorgniserregendere Auswirkungen auf unser Wohlbefinden und unsere Sicherheit hat, als uns bewusst ist. Wir werden (leider) in einem späteren Kapitel darauf zurückkommen und uns näher damit befassen müssen.

Vorerst kommt hier erst einmal die nächste kleine Dosis Zahlen-Impfstoff, die dich an die Auswirkungen der Zahlen auf deine Erfahrungen erinnern soll:

1. Zahlen beeinträchtigen das Erlebte. Denke daran, dass sie im besten Fall einen Durchschnitt mehrerer Dimensionen und Aspekte deiner Erfahrung darstellen (und im schlimmsten Fall nicht einmal das).

2. Das Erlebte wird nicht vergleichbar, wenn wir Erfahrungen mit Zahlen versehen. Jede Erfahrung ist einzigartig und persönlich.

3. Sei dir bewusst, dass sowohl deine eigenen Zahlen als auch die anderer deine Erfahrung beeinflussen können, und zwar schon vor und auch noch nach dem Ereignis an sich.

4. Bewertung macht wählerisch. Umso häufiger du Punkte vergibst, desto niedriger fällt die Note aus. Sei also vorsichtig damit, alles und jeden zu bewerten.

5. Zahlen enthalten nicht mehr Informationen als Wörter, sondern weniger. Achte darauf, dass die Zahlen andere Informationen nicht ersetzen, sondern nutze diese, um die Zahlen zu interpretieren.

Und hier noch ein Bonus-Tipp, den wir leider hinzufügen mussten:

1. Zahlen können nicht nur das Schmerzempfinden beeinflussen, sondern sogar eine ganze Pandemie verschlimmern. Du musst dich gegen sie quasi genauso impfen, wie du dich gegen Viren impfen lässt.

Wenn Zahlen unsere Erfahrungen beeinflussen, die wir ja oft mit anderen teilen, stellt sich die Frage, ob sie auch Auswirkungen auf unsere Beziehungen haben. Wenn die Zahlendemie in gewisser Weise so ansteckend ist wie eine Viruspandemie, infizieren wir einander dann mit unseren Zahlen?

Schauen wir uns das mal genauer an.

ZAHLEN UND BEZIEHUNGEN

6

Ende September 2015 (oder genauer gesagt, am 30. September, mit einer Zahl sieht es doch gleich besser aus, oder?) wurde Peeple die meist gehasste App im Internet. Noch bevor sie überhaupt erhältlich war. Die Washington Post veröffentlichte einen Artikel über die App, deren Wert bereits auf fast 8 Millionen Dollar geschätzt wurde, in dem diese als »eine Art Yelp für Menschen« beschrieben wurde. Wie man auf Yelp Unternehmen benoten kann, sollte Peeple es ermöglichen, andere Menschen auf einer Skala von 1 bis 5 zu bewerten, beruflich, persönlich oder romantisch. »Ob beim Autokauf oder ähnlichen Entscheidungen: Man recherchiert und überlegt so viel. Warum sollte man solche Recherchen nicht auch in anderen Lebensbereichen anstellen?«, fragten die Gründerinnen und erklärten, dass die App sich perfekt dafür eigne, der Welt seine Persönlichkeit zu präsentieren und Menschen zu finden, auf die man sich verlassen könne. »Wir möchten Liebe und Gutes verbreiten.«

Doch so furchtbar viel Liebe und Gutes bekamen sie von dem Journalisten nicht zurück, der die App zum krönenden Abschluss seines Artikels als eine dystopische Zukunftsvision bezeichnete. Und auch nicht vom Rest der internationalen Presse, die darüber in Sendungen und auf Nachrichtenseiten debattierte, oder in den Shitstorms in Social Media, wo die Hasskommentare die Gründerinnen zu einem regelrechten Spießrutenlauf zwangen.

Die Empörungswelle führte dazu, dass der Veröffentlichungstermin verschoben wurde, und als die App dann ein halbes Jahr später lanciert wurde, war es eine ganz andere Version, in der die Nutzerinnen und Nutzer selbst entscheiden konnten, ob sie bewertet werden wollten, ohne Zahlen, und ob sie die Bewertung anderen zugänglich machen wollten oder nicht. Die Rezensionen fielen ziemlich schwach aus, und Peeple ist seitdem mehr oder weniger in der Versenkung verschwunden.

Die dystopische Vision der Washington Post von einer Zukunft, in der wir einander mithilfe einer App bewerten, hat sich schlussendlich also nicht verwirklicht.

Die Wirklichkeit ist vielmehr noch deutlich schlimmer geworden.

Denn statt einer App, in der wir einander in dreierlei Kontexten bewerten, haben wir nun Hunderte Apps und »Dienste«, durch die wir bewertet, unsere Beziehungen mit Zahlen versehen und in jeder nur denkbaren Hinsicht beeinflusst werden. Du kannst das Personal bewerten, das dich neulich im Schuhgeschäft beraten hat. Den Arzt, der dir gerade das Rezept ausgestellt hat. Die Yogatrainerin. Den Trainer deiner Fußballmannschaft. Oder deine Lehrerinnen und Lehrer. Auf ratemyteachers.com und ratemyprofessors.com haben Schülerinnen und Schüler, Studentinnen und Studenten Millionen Noten an ihre Lehrkräfte vergeben.

Und weil Lehrkräfte Akademiker sind, sind sie diesen Bewertungen natürlich auf den Grund gegangen und haben herausgefunden, dass die Zahlen größtenteils mehr über die bewertende Person als über die bewertete Lehrkraft aussagen, beispielsweise ob jemand mit der Note zufrieden war oder verärgert, weil er gerade an dem Tag eine Bemerkung wegen Zuspätkommens zu hören bekam, oder (auffällig oft) ob die Person die Lehrkraft hübsch findet oder nicht (was auf ratemyprofessors.com bis 2018 übrigens eine Kategorie für sich darstellte: »hot chili pepper«).

Ich möchte mal behaupten, dass man als Professor eine dicke Haut und eine sehr stabile Psyche braucht, weil man unablässig bewertet und »gerankt« wird. Man wird nicht nur auf ratemyprofessors.com und anderen Websites benotet, in den meisten Universitäten und Hochschulen wird auch jeder Kurs intern von den Studierenden evaluiert. Besonders in kleinen Kursen kann eine einzige schlechte Zahl von irgendeinem unzufriedenen Typen die Gesamtbewertung komplett ruinieren. Und wenn es bei der Motivation dahinter entweder um die Qualität des Unterhaltungsfaktors, den Dialekt oder das Aussehen geht (»Wird er kahl?«), ist das besonders ärgerlich. Glaub mir. Das Gleiche gilt für Vergeltungsmaßnahmen von Studierenden, die in einer Diskussion mit Dozenten etwas schroff angepackt wurden. Ein ganz besonderes Schätzchen, das »vergessen« hatte, die Anforderungen für die Abschlussprüfung zu erfüllen, stellte mir einmal folgendes Ultimatum: Entweder würde die Person trotzdem zur Abschlussprüfung zugelassen, oder sie vergibt in der Kursbewertung eine vernichtende 1. Ich reagierte schnell und entschlossen und erhielt, wenig überraschend, ebenso schnell in der Evaluierung eine 1 (also die schlechtestmögliche Bewertung) zurück. Quid pro quo, sozusagen.

Helge

Greift dieselbe Logik, die bei der Bewertung von Lehrkräften durch Studierende gilt, auch, wenn du etwa deinen Chef bewertest (denn natürlich gibt es auch dafür eine ganze Handvoll Dienste)? Oder deine Kollegen? Klassenkameraden? Wenn du und dein Date einander bewerten?

Was, wenn die Wirkung der Noten die gleiche ist, ob wir nun ein Hotel auswählen oder ein Date? Bei wem würdest du eher nach rechts swipen: bei einer Person, deren Dating-Profil du *ziemlich* attraktiv findest, oder bei einer, deren Profil du *sehr* attraktiv findest? Genau wie im Fall der Hotelrezensionen im vorigen Kapitel dürfte die Entscheidung ziemlich leichtfallen. Aber genau wie beim Hotel wird es etwas kniffliger, wenn wir sagen, dass die erste Person, also diejenige, die nicht so umwerfend attraktiv ist, eine Fünf-Sterne-Bewertung auf ihrem Profil hat, während die andere nur zwei Sterne hat.

Als wir willkürlich die Bewertungen auf 100 Dating-Profilen so veränderten, dass sie entweder zwei oder fünf Sterne bekamen, änderte sich auch die Bereitschaft der Nutzer, auf sie zu swipen. Wenn ein Dating-Profil zwei Sterne bekam, stieg die Anzahl der Links-Swipes (»Nein danke ...«) um etwa 25 bis 30 Prozent, wenn sie stattdessen fünf Sterne verpasst bekamen, stieg die Anzahl der Rechts-Swipes (»Ja gerne!«) ebenso stark an. Völlig unabhängig davon, wie attraktiv die Person zu dem Profil eigentlich war. Und als wir, wie in dem Hotel-Beispiel, attraktivere Personen mit niedrigeren Bewertungen weniger attraktiven Personen mit hohen Bewertungen gegenüberstellten, neigten die Menschen zwar eher dazu, sich für attraktive Personen zu entscheiden, aber groß war der Unterschied nicht (was ohne Bewertung durchaus der Fall war!).

Eigentlich sind wir, wie gesagt, nicht in der Lage, uns gegen die Zahlen zu wehren. Reflexartig scheuen wir vor allem schlecht Bewerteten zurück und werden von dem angezogen, was gut bewertet wurde. Und Zahlen, die wir selbst zugewiesen bekommen, spüren wir beinahe körperlich.

Das Vertrackte ist nämlich, dass der Bereich im Gehirn, in dem sich die Zahlenneuronen befinden (der IPS, wie du dich vielleicht erinnerst), sich nicht nur mit Zahlen und Körperbewegungen befasst. Er ist erwiesenermaßen auch dafür zuständig, wie wir die Absichten anderer Menschen interpretieren. Warum, ist nicht so ganz klar, scheint fast so, als wäre der IPS so eine Art Sammelbecken für alles Mögliche. Aber vermutlich hat es damit zu tun, dass die Fähigkeit, ausloten zu können, was andere vorhaben, ob sie Freunde oder Feinde sind, ob sie uns helfen oder schaden wollen, ebenso überlebensnotwendig ist wie die, schnell auf unterschiedliche Mengen und Größen reagieren zu können. Erinnern wir uns: Wir programmieren unser Gehirn darauf, Mengen und Größen mit Zahlen zu verknüpfen, was uns dazu befähigt, schneller zu reagieren, als wir überhaupt denken können. Es besteht die Gefahr, dass wir mit unseren Gehirnen dasselbe tun, wenn wir Bewertungen abgeben, sodass wir mehr oder weniger automatisch unsere Zahlen und die der anderen als Signale dafür interpretieren, was wir tatsächlich denken und empfinden.

RATENAPPING

Als wäre es noch nicht schlimm genug, dass wir uns kaum gegen das Bewerten anderer wehren können, besteht außerdem das Risiko, dass wir beginnen, einander auf dieselbe Weise zu betrachten, wie wir Filme und alle anderen Erfahrungen bewerten – wie mit den Punkten geizende Kritiker, die immer wählerischer werden.

Wie wirkt sich das auf unsere Beziehungen und Lebensweise aus?

> Als mein Sohn und ich das erste Mal mit einem Uber fuhren, fragte er mich beim Aussteigen, ob alle Fahrer so nett seien wie der, mit dem wir gerade unterwegs gewesen waren.
> »Viel netter als die Taxifahrer sonst immer«, sagte er ganz angetan.
> Er war ein bisschen enttäuscht, als ich mein Handy he-

rausholte und ihm erklärte, dass die Uber-Fahrer tatsächlich netter seien als die meisten Taxifahrer, dies aber vermutlich daher komme, dass wir ihn jetzt bewerten könnten und er sicher gerne fünf Punkte hätte.

»Ach so. Aber du warst auch viel netter als sonst«, sagte mein Sohn achselzuckend. »Wirst du denn auch bewertet?«

Es lag mir schon auf der Zunge zu sagen, dass die Freundlichkeit des Fahrers wahrscheinlich einfach ansteckend gewesen sei, als mich der Gedanke packte und ich einfach in der App nachschauen musste: Doch, ja, ich hatte ebenfalls eine Bewertung bekommen.

Seitdem empfinde ich immer ein gewisses Maß an Leistungsdruck, wenn ich zusteige. Nicht genug, dass ich für die Fahrt bezahlen muss, jetzt muss ich auch noch als Passagier Leistung bringen und umgänglich sein, damit ich bloß ja keine schlechte Bewertung bekomme. Sonst nimmt mich beim nächsten Mal vielleicht keiner mehr mit.

Micael

Manche Fahrer scheinen das verinnerlicht zu haben. Würdest du dich trauen, mit dem Trinkgeld zu geizen, wenn du wüsstest, dass der Fahrer dir in dem Fall womöglich eine schlechtere Bewertung als Passagier geben könnte? Es gibt Berichte darüber, dass Fahrgäste beim Aussteigen zu hören bekamen, sie würden eine schlechtere Bewertung kassieren, wenn sie nicht genug Trinkgeld gäben oder der Fahrer nicht die Höchstwertung erhielt. Die Bewertung ist zu einem Druckmittel geworden. Wir nennen das *Ratenapping*: Wenn jemand die Bewertung eines anderen quasi kidnappt, um seinen Willen durchzusetzen. Und dafür braucht noch nicht einmal eine Drohung ausgesprochen zu werden. Der Fahrer denkt möglicherweise nicht einmal ausdrücklich daran.

Wenn wir andere bewerten, riskieren wir, bewusst oder unbewusst, einander in allen möglichen Bereichen zu kidnappen, beispielsweise beim Daten. Anstatt wir selbst zu sein, strengen wir uns an, um eine gute Bewertung zu bekommen, sodass wir nicht einmal richtig präsent sind, sondern uns noch bei der Verabredung fragen: »Welche Note wird sie mir hinterher wohl geben?« Und uns gleichzeitig fragen: »Hab ich dieses Kompliment nun bekommen, weil sie mich mag oder weil sie nicht will, dass ich ihre Durchschnittsbewertung ruiniere?«

Als Snapchat die User zu einer häufigeren Nutzung der App antreiben wollte, wurden »Snapchat streaks« eingeführt, die anzeigten, wie viele Tage nacheinander zwei Personen einander »snaps« geschickt hatten (die deutsche Bezeichnung lautete »Feuer und Flamme«). Bei bestimmten runden Zahlen bekam man eine virtuelle Auszeichnung, aber sobald man einen Tag verpasst hatte, wurde wieder alles auf null gesetzt. Schnell wurde es unter Jugendlichen üblich, einander schwarze beziehungsweise leere *snaps* zu schicken, um diese laufende Zählung nicht zu unterbrechen. Diese schwarzen Rechtecke erhöhten die Zahl der verschickten *snaps* tatsächlich, reduzierten aber die *snaps*, die vorher Bilder oder Nachrichten aller Art beinhaltet hatten, auf eine inhaltsleere Zahlenstelle.

> Als Elternteil hat man nicht immer den besten Überblick über die vielen Funktionen in den ganzen Apps und weiß auch nicht unbedingt, wie man damit umgeht. Meine älteste Tochter reagierte eines Abends im Jahr 2017 unerwartet wütend und traurig, als ich sie zur Schlafenszeit freundlich, aber bestimmt darum bat, ihr Handy wegzulegen und Snapchat auszumachen. Ich bekam zu hören, dass ich ihr Leben ruinieren würde, wenn sie ihre *streaks* nicht fortsetzen dürfe. Mit dem englischen Wort »streak« assoziierte ich da-

mals nur »Flitzer«, also Leute, die nackt in ein Sportstadion rennen. Mir fehlte daher jedes Verständnis für die Relevanz eines *streak*. Warum musste man denn dafür so leidenschaftlich eintreten? Es stellte sich heraus, dass sie Wochen und Monate damit verbracht hatte, eine lange Reihe von *streaks* mit einer langen Liste von Snapchat-Freunden zu erstellen. Streaks von scheinbar enormem Wert, die ich jetzt an einem einzigen Abend total versauen würde. Der schlechteste Vater der Welt.

Helge

Bald begann die Presse über den Stress und die Angst der Jugendlichen zu berichten, die wie manisch ihre Zahlen im Blick behielten. Manche bettelten ihre Eltern darum an, an ihrer Stelle leere *snaps* zu verschicken, wenn sie selbst beschäftigt waren (beispielsweise mit so lästigen Störfaktoren wie dem Schulbesuch) oder kein WLAN hatten, andere zerstritten sich mit ihren Freunden, wenn diese nicht rechtzeitig antworteten, manche fühlten sich unter Druck gesetzt oder aber setzten andere unter Druck, *snaps* zu verschicken, obwohl sie gar keine Lust darauf hatten, wieder andere machten sich Sorgen, weil sie niemanden hatten, um eine ausreichend große Zahl überhaupt anstreben zu können.

Am Ende stellte Snapchat die Funktion wieder ein.

PARTNERSCHAFT – PERFORMANCE

Zahlen haben sich aber auch in allerlei Apps für Erwachsene eingeschlichen. Wie Beziehungs-Apps (die wir mit Rücksicht auf deine Beziehung nicht beim Namen nennen, falls du sie noch nicht kennst, andererseits trennt dich leider auch nur eine Google-Suche von dem Wissen …), die berechnen, wie häufig dein Partner und du einander Nachrichten schicken oder zu romantischen Gesten auffordern und diese zählen. Oder Sex-Apps, die dir ermöglichen, zu protokollieren, wie oft ihr Sex habt, wie lange und wie gut er war. Alles mit der guten Intention, die Qualität deiner Beziehungen zu verbessern, aber dabei besteht immer das Risiko, dass du dich in deinen Beziehungen zunehmend auf *quantitative* Aspekte konzentrierst.

Denn wer sieht nicht auf einen Blick, dass vier romantische Nachrichten doppelt so gut sind wie zwei? Oder dass acht Minuten Sex besser sind als sieben? Vielleicht findest du sowieso, dass acht Minuten ein bisschen knapp klingt, wenn du die Zahl so vor dir siehst? Trotzdem hättest du da schon um drei Minuten »überzogen«, denn rein statistisch dauert der durchschnittliche Geschlechtsakt fünf Minuten. Vermutlich würdest du auch denken, es wäre doch viel zu wenig, wenn der Rechner dir zeigte, dass dein Partner und du nicht häufiger als einmal pro Woche Sex haben? Obwohl auch das verglichen mit den durchschnittlichen 0,75-mal, die eine britische Studie nachgewiesen hat, eine überdurchschnittliche »Leistung« wäre. Du wärst mit dieser 1 aber vermutlich unzufrieden, obwohl die Forschungslage darauf hindeutet, dass einmal pro Woche schon das Höchste der Gefühle ist und dass Paare, die öfter Sex haben, deswegen auch nicht glücklicher sind.

Es besteht das Risiko, dass sich Beziehungen durch die Zahlen in Errungenschaften verwandeln. Und wie du dich bestimmt erinnerst, beeinflussen Zahlen uns tendenziell dazu, mehr zu leisten und gleichzeitig weniger Freude zu empfinden. Schlimmstenfalls läuft es irgendwann darauf hinaus, dass ihr einander der Statistik wegen Liebesbotschaften schickt und Sex habt, nicht, weil ihr das wirklich wollt. Fehlt nur noch, dass du so wirst wie die Jugendlichen auf Snapchat und deine Eltern darum bittest, deiner Partnerin oder deinem

Partner eine liebevolle Nachricht zu schicken, während du gerade in einem Meeting steckst.

Die Frage war zu beunruhigend, als dass wir der Antwort nicht auf den Grund hätten gehen können. Also nicht die Frage, ob wir zukünftig unsere Liebeskorrespondenz an jemand anderen delegieren, sondern ob Zahlen unsere Beziehungen in Errungenschaften verwandeln. Was passiert beispielsweise, wenn wir bei der Partnersuche ein Fazit ausgespuckt bekommen, und zwar in Form einer Durchschnittsbewertung der Menschen, mit denen wir ausgehen?

Um das herauszufinden, machten wir ein Experiment. Wir baten 1000 Dating-begeisterte Menschen, zwei verschiedene Varianten einer bekannten Dating-App zu testen. Die Hälfte bekam eine Version mit Durchschnittsbewertungen aller Profile, die sie sich angesehen hatten, die andere eine ohne. Hinterher konnten wir konstatieren, dass diejenigen, die die Version mit Wertnote bekommen hatte, mehr Profile betrachtet, sich aber kürzer damit aufgehalten hatten. Als würden sie eine Aufgabe so effektiv wie möglich erledigen wollen. Und ganz richtig: Die Befragten wählten bei ihren Antworten auch vermehrt das höhere Ende der Skala, als es darum ging, ob die Teilnehmenden das Swipen als Aufgabe empfanden. Sie empfanden das Ganze also als weniger lustvoll und unterhaltsam.

Doch zurück zu den romantischen Gesten. Wir laufen auch Gefahr, miteinander in einen Wettbewerb zu treten. Einander in Sachen Liebesbeweise zu übertreffen klingt doch eigentlich ganz nett, oder? Doch wenn dir deine Partnerin oder dein Partner jeden Tag drei liebevolle Nachrichten schickt, stehen die Chancen nicht schlecht, dass du irgendwann unter Stress gerätst oder ein schlechtes Gewissen entwickelst, wenn du »nur« zwei schickst. Oder dass du dich schlimmstenfalls von dem arroganten Mistvieh unter Druck gesetzt fühlst, das jeden Tag gewinnen will. Oder dass im umgekehrten Fall deine

Partnerin oder dein Partner dich zunehmend als dasjenige »Teammitglied« betrachtet, das in der Beziehung nur den Trittbrettfahrer spielt, ohne besonders viel zu den Zahlen beizusteuern.

Oder dass Beziehungen gar keine echten Beziehungen mehr sind.

Die häufigsten Suchanfragen zu Tinder bei Google sind »Wie viele Swipes pro Tag« und »Wie viele Likes pro Tag«, nicht »Wie bekomme ich ein Match« oder »Wie finde ich die richtige Person«. Diese Fragen tauchen nicht einmal in den Top Ten der Suchvorschläge von Google auf (die Frage »Wie viele Matches pro Tag« hingegen schon). Studien über Tinder-Nutzer zeigen, dass viele den Dating-Service nur als reinen Ego-Boost oder zur Zerstreuung nutzen, ohne die Absicht, tatsächlich jemanden kennenzulernen, sondern um möglichst viele Likes und Matches zu bekommen. Das würde erklären, warum in einer US-Studie 55 Prozent der Befragten angaben, Tinder zu nutzen *und* bereits in einer Partnerschaft zu sein (in einer anderen Studie, in der stattdessen gefragt wurde, ob man schon einmal jemanden auf Tinder gesehen habe, von dem man wusste, dass er nicht alleinstehend ist, waren es sogar über 70 Prozent …).

Damit wäre auch erklärt, warum Untersuchungen zufolge manche anscheinend nach Tinder ebenso süchtig werden wie andere nach Poker. Die Vielnutzer von Tinder sprechen über ihre ELO, was, etwas vereinfacht gesagt, eine Zahl ist, die angibt, wie viele Swipes sie selbst im Verhältnis zu den Personen, die sie wählen oder nicht wählen, erhalten (die Zahl stammt ursprünglich aus der Schachwelt und gibt den Wert eines Sieges in Abhängigkeit davon an, wie viele Siege der Gegner in der Vergangenheit errungen hat). Die Fokussierung auf die Anzahl der Likes und Matches statt auf eine reale Begegnung könnte auch erklären, warum Untersuchungen zufolge die Nutzung von Tinder dazu führt, dass Menschen weniger zufrieden mit ihrem Aussehen sind und ein geringeres Selbstwertgefühl haben.

Tinder ist bei Weitem nicht der einzige Zahlengenerator, der unsere Beziehungen beeinflusst. Rate mal, was eine der häufigsten Suchanfragen bei Google für Instagram ist? Na: »Wie bekomme ich mehr Follower?«

Die App diente ursprünglich dazu, Schnappschüsse aus dem Leben mit Freunden und Bekannten zu teilen, als modernes Äquivalent zu den Fotoalben, die man früher mit seinen Lieben durchblätterte. Stattdessen hat sie sich im Laufe der Zeit zu einem Follower-Akkumulator ausgewachsen. Es fällt vielen schwer, sich nicht auf die Follower-Zahl einzuschießen und nicht darüber nachzudenken, wie man diese steigern könnte. Das geht inzwischen so weit, dass es eine ganze Menge unterschiedlicher Dienste gibt, bei denen man sogar Follower einkaufen kann (das gibt es auch für diejenigen, die sich lieber auf Twitter austoben).

Bestimmt achtest du auch darauf, wie viele Freunde du auf Facebook hast? Und wie viele Kontakte auf LinkedIn? Das tun die meisten, wir haben nachgefragt. Wir haben 1000 zufällig ausgewählte Personen gebeten, uns zu verraten, wie viele Freunde sie auf ihren Social-Media-Kanälen haben. (Und ja, wir können dir die Durchschnittswerte nennen, denn sicherlich wirst du dem Drang nicht widerstehen können, diese Zahlen mit deinen zu vergleichen: Instagram 167, Facebook 755, Snapchat 47, LinkedIn 353.) Außerdem fiel es ihnen offenbar nicht schwer, herauszufinden, wie viele Freunde sie haben. Wir haben auch danach gefragt, und auf einer Sieben-Punkte-Skala gaben die meisten eine 6 an.

Würde man dir ohne besonderen Bezug zu Social Media die Fragen »Wie viele Freunde hast du?« oder »Wie viele Geschäftspartner hast du?« stellen, fiele dir die Antwort wahrscheinlich beträchtlich schwerer. Anderen geht es auch so. Die gleichen 1000 Personen antworteten auch eher so Pi mal Daumen als mit einer genauen Zahl (gerundet waren es im Durchschnitt 20 Freunde und 50 berufliche

Bekanntschaften), und sie fanden es viel schwieriger, anzugeben, wie viele Freunde sie haben – auf einer Sieben-Punkte-Skala gaben die meisten nur eine 4 an. Wieso sollte man auch einen Überblick darüber haben, wie viele Freunde und Geschäftspartner man hat, was sagt das denn aus?

Aber wenn einmal Zahlen im Spiel sind, gewinnen sie auch an Bedeutung. Durch sie wird die Anzahl der Beziehungen wichtig. Und die Zahlen machen die Beziehungen austauschbar, denn Zahlen sind ja schließlich nur Zahlen, und zwar in dem Maße, dass manche bereit sind, Follower einzukaufen. Die Zahlen machen die Beziehungen auch vergleichbar. Wer hat die meisten Freunde auf Facebook, die meisten Kontakte auf LinkedIn, die meisten Follower bei Instagram? Im Handumdrehen vergleichen wir unsere Freundschaften und Beziehungen mit denen der anderen, und wie wir bereits in einem früheren Kapitel schrieben, kommen wir dann mitunter zu solch bescheuerten Schlussfolgerungen wie der, dass wir als Menschen nicht gut genug sind, wenn wir »nur« 2000 (!) Freunde (?) haben, wenn wir sehen, dass ein anderer 5000 Freunde hat.

Ganz plötzlich riskieren wir, zu Vergleichskonkurrenten zu werden, die beginnen, mit ihren Beziehungen zu wetteifern.

> Zu neuen Social-Media-Plattformen habe ich ein sehr zwiespältiges Verhältnis. Ich finde es spannend, wenn es etwas Neues auszuprobieren gibt, fühle ich mich gleichzeitig aber auch etwas gestresst. Muss ich nun wieder bei null anfangen? Als ich eingeladen wurde, auf der damals brandneuen Gesprächsplattform Clubhouse mitzumischen, um die es einen Riesenhype gab, ertappte ich mich beim Zögern. Ich sah mich unter denen um, die schon dabei waren, viele »hippe« Namen mit bereits vielen Followern. Wie sollte ich die je einholen? Wie mies sähe es eigentlich

aus, wenn andere auf die gleiche Weise nach mir schauten und sähen, dass ich fast gar keine Follower hatte? Anstatt mich über die aufregenden neuen Funktionen und die Möglichkeiten, sich mit Menschen auf der ganzen Welt zu unterhalten und ihnen zuzuhören, zu freuen, zerbrach ich mir den Kopf über meine peinlich niedrige neue Zahl.

Micael

Vielleicht ist es mehr als nur Zufall (oder in jedem Fall ein sehr interessanter Zufall), dass der Anteil der Alleinlebenden in fast demselben rasanten Maß anstieg, wie sich die Zahlen in unseren Beziehungen breitmachten. In Schweden lag der Anteil um 1950 bei 12 Prozent. Laut EU-Statistik war der Anteil im Jahr 2017 auf über 50 Prozent gestiegen! Somit hat Schweden die meisten Singlehaushalte der Welt, aber Norwegen liegt mit knapp über 40 Prozent nicht weit dahinter, und in der gesamten EU gab es im Laufe der Zeit einen ähnlichen Anstieg von durchschnittlich über 30 Prozent.

Könnten die hohen Zahlen auf unseren Dating-, Kollegen- und Freundeskonten unseren Beziehungen genauso im Weg stehen wie es unsere Bankkonten nachweislich tun?

Uns lässt auch die Frage nicht los, ob die Zahlen dazu beitragen, dass unser Vertrauen in die Menschen um uns herum sinkt, was laut Umfragen tatsächlich der Fall zu sein scheint. Wenn wir unsere Mitmenschen mit Zahlen versehen und unterschiedlich bewerten und einander zu Gegenspielern in unterschiedlichen Transaktionen machen, besteht dann nicht die Gefahr, dass wir einander immer weniger vertrauen? Was ist, wenn die Zahlen unsere Empathie füreinander verringern? Diese Frage ist so besorgniserregend, dass wir sie in einem späteren Kapitel ausführlicher behandeln müssen.

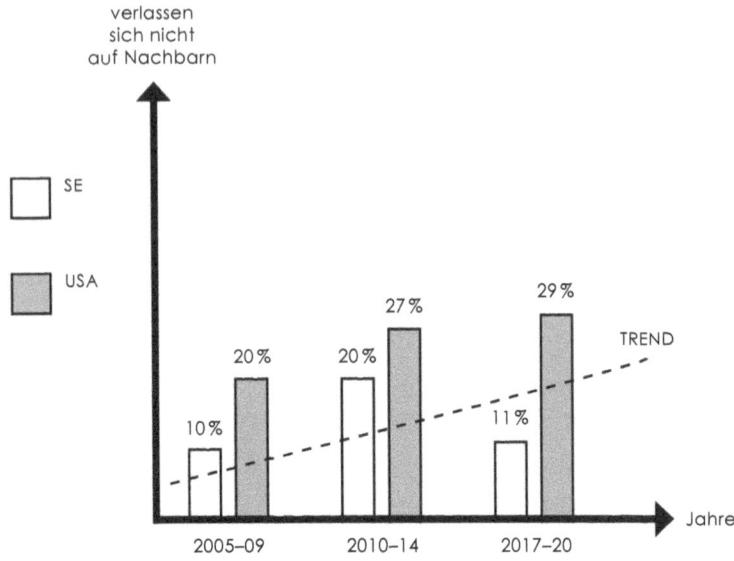

Aber wie sieht denn unsere Zahlenimpfung vorerst aus?

1. Unterscheide zwischen Zahl und Absicht. Das ist nämlich nicht dasselbe. Die Bewertung, die du bekommst (und selbst abgibst) muss nicht bedeuten, dass die Person wirklich so denkt.

2. Unterscheide außerdem zwischen Zahl und Person. Deine Freunde sind nicht weniger wert, weil es weniger Leute sind!

3. Denk dran, dass deine Beziehungen keine Errungenschaften sind, nur weil man eine Zahl dranhängen kann.

4. Sei dir bewusst, dass Wertpunkte ein potenzielles Druckmittel sind, mit dem du – ob absichtlich oder unabsichtlich – gekidnappt werden oder andere kidnappen kannst.

5. Und bewerte doch bitte, bitte nicht deinen Professor ...

Falls du nicht anders kannst, als auf die Zahlen zu achten, denk daran, dass sechs Minuten nicht kurz sind, sondern lang, und dass einmal pro Woche genügt.

Aber hier dürfen wir nicht aufhören. Wenn Zahlen unsere Beziehungen in Leistungen und Transaktionen verwandeln, bedeutet das dann, dass Zahlen an sich auch zu einer Art Währung werden? Das wollen wir uns genauer ansehen.

ZAHLEN ALS WÄHRUNG

7

»**Wir verkaufen zukünftig** nur noch ›interaktive‹ Lebensversicherungen, für die die Daten der Fitnesstracker der Klienten ausgewertet werden«, teilte einer der größten nordamerikanischen Anbieter von Lebensversicherungen, John Hancock Insurance, mit, als das Unternehmen 2018 seine neuen Versicherungsprodukte auf den Markt brachte. Von nun an winkten Kunden Rabatte und diverse Vorteile, wenn sie dem Versicherer Zugang zu ihren Gesundheitsdaten via Apple Watch oder Fitbit gewährten. Oder anders ausgedrückt: Kunden, die das nicht taten, wurden gewissermaßen bestraft und riskierten eine höhere Versicherungsprämie. Etwa zur gleichen Zeit lancierten australische Versicherungsunternehmen ähnliche »Innovationen«: Kunden, die Fitnesstracker nutzten, wurden Vorteile gewährt, und wer einen BMI unter 28 hatte, bekam einen Bonus. Die Versicherungsunternehmen betrachteten dies als motivierend und gesundheitsfördernd, ihre Kritiker als dystopisch, pervers und übergriffig.

Alle Zahlen zu unserer Person, ob wir sie nun selbst registrieren oder dies andere für uns übernehmen lassen, haben nach und nach an Wert gewonnen. Wert für uns selbst, für Arbeitgeber, den Staat und nicht zuletzt für die Wirtschaft. Mittels des Zugangs zu Positions- und Gesundheitsdaten, der Anzahl der Likes und Follower, zu Sensoren im Zuhause, im Auto und am Körper, können uns Technologieunternehmen bessere Empfehlungen, personalisierte Dienste, treffsicherere Werbung, bessere Risikovorsorge und billigere Versicherungen anbieten.

Die Algorithmen verbessern sich selbst, und durch künstliche Intelligenz und das sogenannte »Deep Learning« werden sie mit enormen Datenmengen gespeist, durch die sie dazulernen. Deep Learning ist im Grunde genommen ein Lernprozess, bei dem ein neuronales Netz herausgebildet wird. Schwiwig an den Vorhersagen per Deep Learning ist natürlich, dass wir keinen Einblick haben, welche Daten oder Regeln die KI tatsächlich dafür zugrunde legt. Und noch beunruhigender: Den haben nicht einmal die Firmen, die diese Deep-Learning-Modelle anwenden. Deshalb werden die Modelle auch häufig als Blackbox bezeichnet. Und ethisch und moralisch ist es doch wohl nicht so ganz unproblematisch, wenn deine Versicherungsprämie anhand eines Faktors wie ethnischer Herkunft, Trainingsverhalten und Gewicht berechnet wird?

Eine skandinavische Bank musste kürzlich ihr schickes neues Deep-Learning-Kreditmodell einstampfen, das Vertragsbrüche hinsichtlich aufgenommener Darlehen sehr viel besser voraussagen konnte als irgendein anderes Modell oder eine andere Methode. Warum musste die Bank es also aufgeben? Tja, weil man dort weder wusste noch der Finanzaufsicht erklären konnte, aufgrund welcher Entscheidungskriterien das Deep-Learning-Modell einem Kreditsuchenden eigentlich kein Geld geben wollte. Und da wären wir dann wieder: *Computer sagt Nein.* Punkt.

Schon im Vorwort haben wir behauptet, wir seien auf dem besten Weg, zu Zahlenkapitalisten zu werden, was die Anzahl der Likes und Follower, Herzschläge und Schritte, Bonuspunkte und Restaurant-Rankings angeht. Und Währung meinen wir hier sowohl im buchstäblichen als auch im übertragenen Sinn. Die Anzahl der Likes ist Geld und die Anzahl der Follower dein Konto. Für Blogger oder

Influencer lassen sich Follower und Likes ja tatsächlich in Euro und Cent umgerechnet. Und Puls, Schritte und Höhenmeter können in Versicherungsrabatte übertragen werden. Doch Zahlen sind auch im übertragenen Sinne Währung und Geld. Sie stellen Status, Selbstvertrauen und Verhandlungsstärke dar. Sie können ebenso korrumpieren wie Geld. Sogar auf dieselbe Weise.

Wenn wir aus jahrzehntelanger Forschung über die Psychologie des Geldes eines gelernt haben, dann, dass Geld das Denken und Verhalten des Menschen steuert. Wie gesagt: Allein schon einen Geldschein anzuschauen oder anzufassen kann Menschen egoistischer, selbstbezogener und gefühlskälter machen. Das nannten wir den »Arschloch-Effekt«, du erinnerst dich? Wenn Menschen mit Geld konfrontiert werden, entwickeln sie eine geschäftsmäßigere Denkweise, neigen weniger dazu, anderen zu helfen und treffen egoistischere Entscheidungen. Neue Untersuchungen haben zudem gezeigt, dass Menschen, die mit Geld in Berührung gebracht wurden, mehr schummeln, weniger von sich preisgeben und in geringerem Maß moralische Entscheidungen treffen.

Könnte es sein, dass Zahlen als Währung genau das Gleiche mit uns machen?

DER MORALKOMPASS DER ZAHLENFANATIKER

Um das herauszufinden, schickten wir 800 Norwegern einen Fragebogen. Zunächst fragten wir danach, ob sie Zahlen zu sich selbst erhoben: ob sie persönliche Gesundheitsdaten protokollierten, ob sie wussten, wie viele Freunde und Follower sie in den sozialen Medien hatten, und ob sie ökonomische Daten zu sich selbst im Blick behielten, also ob sie regelmäßig ihre Aktien, Fonds, Bonusprogramme und den Kontostand kontrollierten. Anschließend konfrontierten wir sie mit verschiedenen moralischen Zwickmühlen und berechneten, in welchem Maße sie dazu neigten, hier und da »Abkürzungen zu nehmen«. So ein Dilemma konnte etwa sein, ein wenig Druckerpapier bei der Arbeit mitgehen zu lassen, ein anderes Auto anzurempeln oder falsches (zu viel) Wechselgeld zu bekommen, wenn man einen Kaffee gekauft und lange angestanden hat. Erprobte Messmethoden für den Grad moralischer Entscheidungen mit einem gewissen Unterhaltungswert eben. Und was glaubst du, haben wir herausgefunden?

Es gab einen schwachen negativen Zusammenhang zwischen der Moral und dem Aufzeichnen von *Gesundheitsdaten*. Regelmäßige Nutzer von Fitbit oder Strava sind also ein klitzekleines bisschen weniger moralisch als alle anderen. Sie sind außerdem einen Hauch mehr von sich eingenommen als diejenigen, die keinen Fitnesstracker benutzen.

Bei denjenigen, die in hohem Maße die eigenen Zahlen und Likes in Social Media kontrollierten, war das Ergebnis noch deprimierender. Sie berichteten nicht nur von einem höheren Stresspegel, sondern schnitten auch in Sachen moralische Zwickmühlen beträchtlich schlechter ab. Sie fanden es ganz in Ordnung, seinen Arbeitgeber ein bisschen zu bestehlen, Software illegal zu kopieren und zu viel Wechselgeld einzustecken.

Dasselbe Muster fanden wir auch bei den Personen, die ihre ökonomischen Daten streng im Blick behielten. Sie schlugen sich bei moralischen Dilemmas schlechter, maßen ihrer Arbeit mehr Priorität bei als der Beschäftigung mit Familie und Freunden und zeigten sich sogar fremdenfeindlicher. Eine reizende Mischung, oder?

Je mehr du deine ... kontrollierst, desto ...	Social-Media-Zahlen	Gesundheitsdaten	Ökonomische Daten
weniger selbstständig und fähig fühlst du dich im Leben	✓		
höheren Stresspegel hast du	✓		
mehr unethische Entscheidungen triffst du	✓	✓	✓
glücklicher fühlst du dich		✓	
sozialer möchtest du dich morgen verhalten		✓	
mehr arbeiten möchtest du morgen			✓
skeptischer bist du gegenüber Einwanderern			✓

Amerikanische Wissenschaftler erklären den negativen Effekt des Geldes auf die Moral häufig mit einer Denkweise, die sie als »self-sufficient mindset« bezeichnen. Soll heißen, wer viel Geld hat, ist in höherem Maße selbstständig und hat das Gefühl, auch gut ohne Hilfe anderer zurechtzukommen. Na, klingelt's?

Genau, das war ja auch das, was wir in den Untersuchungen herausgefunden hatten, bei denen wir mit den Zahlen zum Lauftempo herumspielten (langsamer oder schneller als der Durchschnitt). Wenn wir die Teilnehmer glauben ließen, sie hätten bessere Zahlen, stieg das Selbstbewusstsein und damit auch das Gefühl der »self-sufficiency«. Auch bei der Risikofreudigkeit erzielten sie bessere Ergebnisse.

Und wenn wir sie vor dieselben moralischen Dilemmas stellten, was glaubst du, wie sie dann antworteten? Na, aber sicher: Aufgrund der hohen Zahlen fühlten sie sich überlegener und stärker – und waren durchweg eher bereit als andere, in verschiedenen Entscheidungssituationen ein klein wenig unmoralischer zu handeln. Genau wie Menschen, die Geld ausgesetzt waren. Und auch genau wie diejenigen, die erfahren hatten, dass sie auf einen Instagram-Beitrag eine große Anzahl Likes bekommen hatten.

Nicht allein Geld stört also unseren Moralkompass, sondern auch Zahlen anderer Art. Dabei brauchen sich die Zahlen sogar nicht einmal auf etwas Konkretes zu beziehen, es kann sich dabei auch einfach um eine beliebige Ziffer oder eine Rechenaufgabe handeln. In einer Versuchsreihe entdeckten Wissenschaftler aus Hongkong und den USA, dass Menschen durchweg egoistischer, unehrlicher und selbstbezogener werden, wenn sie sich mit Rechenaufgaben beschäftigen müssen. Die Experimente waren einfach. Die Teilnehmer wurden willkürlich in zwei Gruppen aufgeteilt. Die eine Hälfte sollte eine Textaufgabe lösen, die andere eine Zahlenaufgabe. Danach sollten die Teilnehmer ein Spiel spielen, ein sogenanntes Diktatorspiel, bei dem sie die Möglichkeit hatten, mehr Geld einzubehalten, als die anderen bekamen, sowie zu lügen. Die Teilnehmer, die die Zahlenaufgabe lösen sollten, logen systematisch mehr und behielten auch mehr Geld für sich. Traurig, aber wahr.

Diese Experimente wiesen auch überdeutlich auf die negativen sozialen und ethischen Konsequenzen einer berechnenden Denkweise hin und darauf, dass wir Menschen Zahlen und Wörter unterschiedlich behandeln. Zahlen sind eine Währung, und Zahlen machen uns selbstzentrierter, unpersönlicher und weniger emotional engagiert. Außerdem bringen sie unseren Moralkompass dazu, in die falsche Richtung auszuschlagen.

> In einer Zeit, in der ich viele lange Sitzungen leitete, machte ich mir einen Spaß daraus, darauf zu achten, ob die Anwesenden einander Kaffee einschenkten oder nicht. In Mee-

tings, in denen eine Kanne Kaffee auf dem Tisch steht, kann man entweder nur sich selbst bedienen oder fragen, ob die anderen um einen herum auch eine Tasse möchten. Und du kannst dir wahrscheinlich denken, was ich beobachtet habe. Ja, als wir über Zahlen, Budgets und Rankings diskutierten, schenkten die Leute vermehrt sich selbst ein. Mehr Wortbeiträge und Dokumente führten zu mehr geselligem Einschenken von Kaffee und Aufmerksamkeit von anderen. Einige haben sogar ab und zu die Tüte mit dem Schokoladenkonfekt oder Kekse herumgereicht. Mir ist übrigens auch aufgefallen, dass gewisse (völlig anonyme) Professoren, die ich schon länger kenne, die ein großes Interesse daran haben, wie häufig sie zitiert werden, an ihrem Impactfactor und H-Index, und die regelmäßig nach ihren Zahlen bei Google Scholar und Researchgate schauen, die Ersten waren, die sich verdrückten, wenn neue Aufgaben verteilt werden sollten. Als wissenschaftliche Untersuchung will ich das nun nicht gerade bezeichnen, aber als ein anekdotischer Beweis ist es ganz witzig.

Helge

GAME ON!

»Das wichtigste Element in meinem Werkzeugkasten als Spieleentwickler ist das Punktesystem, weil den Spielern dadurch vermittelt wird, worauf sie achten müssen«, so Reiner Knizia, einer der erfolgreichsten Spieleautoren der Welt, der Spiele wie *Der Herr der Ringe*, *Keltis* und *Lost Cities* entwickelt hat. Anscheinend wirken sich Punktesysteme in Spielen auf das Denken aus und versetzen die Spielenden in die Lage, eine Pause von der Wirklichkeit einzulegen und motivierter, fokussierter (oder engstirniger) und ehrgeiziger zu werden – und hin und wieder auch so frustriert, dass sie Tische umwerfen und einander anbrüllen. Frei erfundene Zahlen und Punkte ohne jeglichen Wert im wirklichen Leben treiben sogar die ruhigste und zurückhaltendste Person zur Weißglut. Und laut dem Spiele-Philosophen C. Thi Nguyen wird die Logik der Punktesysteme in der Gaming-Welt auch von der Gesellschaft als solche mit offenen Armen angenommen und angewandt. Firmen, Institutionen und sogar Schulen entwickeln ein immer besseres Verständnis dafür, wie Spiele und Punktesysteme zur Beeinflussung unseres Handelns und Verhaltens eingesetzt werden können. Von Schulaufgaben, Steuererklärungen, Verkaufswettbewerben und Bonusprogrammen bis hin zu Twitter-Konversationen – alles wird zum Spiel. Doch wie Nguyen es ausdrückt: »Nicht wir spielen das Spiel – das Spiel spielt mit uns.«

Die Zahlen wandeln physische und soziale Phänomene in messbare Größen um. Inwiefern du verantwortungsvoll mit deinen Finanzen umgehst, wird in Kreditpunkte umgerechnet, dein soziales Gefüge in die Anzahl der Follower und Klicks in Social Media, deine Reiselust in Flugmeilen, und deine Freude am Sport wird in Kalorienverbrauch und Durchschnittstempo pro Kilometer wiedergegeben.

Dadurch kurbeln die Zahlen Konkurrenz und Rivalität an. Indem das ganze Leben quantifiziert wird, führen wir in einem Bereich nach dem anderen Wettbewerbsdenken ein. Was früher qualitative Unterschiede zwischen Menschen und Erlebnissen waren und ganz verschieden verstanden werden konnte, verwandelt sich in einen knallharten quantitativen Unterschied. Zwei Selfies, Strandkörper oder Mittagessen können plötzlich miteinander konkurrieren und erbarmungslos miteinander verglichen werden.

Das Gleiche gilt in der Wirtschaft, wo ein Einkaufserlebnis auf drei Sterne, ein Toilettenbesuch auf einen Smiley und ein Buch oder ein Konzert auf eine Wertnote zwischen 1 und 6 reduziert wird. Die Zahlen und die Quantifizierungen machen aus komplexen Phänomenen eindimensionale Skalen, auf denen bei der Messung jede Menge Inhaltliches verloren geht.

Dadurch wirken sich die Zahlen auch auf die Sprache und den Wert der Erfahrung aus. »Wie hübsch war sie, auf einer Skala von 1 bis 10?« Indem wir eine Eigenschaft, Sache oder Person mit einer Zahl versehen, geben wir auch ein ausdrückliches Urteil über ihren Wert ab. Eine 8 ist besser als eine 7. Das Quantifizieren vereinfacht die Welt. Es wird leichter, sich dazu in Bezug zu setzen, Dinge werden vergleichbarer und wir alle werden fein säuberlich eingestuft. Micael hat 31 100 Follower auf Instagram, Helge 138. Die Quantifizierung verdeutlicht den sozialen Status. Es wird einfacher, soziale Phänomene in harte Währung zu konvertieren. Wie beim Geld gilt: je höher die Zahl, desto besser – von Puls und Blutdruck einmal abgesehen. Algorithmen knacken große Daten und präsentieren sie dir in hübschen kleinen Päckchen, weil du es einfach nicht lassen kannst, draufzuklicken und zu vergleichen. Du bist 334. Nils ist 176, der Nachbar 189 und dein Partner 544. Die Zahl kann dabei für alles Mögliche stehen, von sozialer Intelligenz über Attraktivität bis hin zum Ranking auf Social Media, Übergewicht oder depressive Tendenzen.

Durch neue Verfahren, Zahlen in Bezug zu setzen, entstehen neue Dienste, bei denen die Währungsfunktion der Zahlen nur noch deutlicher wird. Und noch absurder und geschmackloser, sollte man vielleicht gleich schon dazusagen. Da wäre zum Beispiel der 2006 auf dem Markt eingeführte Dienst CreditScoreDating.com, wo man seine/seinen zukünftige(n) Gattin/Gatten basierend auf der zueinander passenden Kreditwürdigkeit finden kann. Denn, so heißt es auf der Website, immerhin legen 57 Prozent aller Männer und 75 Prozent aller Frauen im Hinblick auf die Partnersuche Wert auf wirtschaftliche Sicherheit. Und wie sollte man seinen perfekten Partner besser finden können als durch das automatische Aufeinanderabstimmen der Kreditwürdigkeit? Topf sucht Deckel, quasi.

Wusstest du übrigens, dass Facebook bereits 2015 Patent auf eine Methode zur Berechnung der Kreditwürdigkeit basierend auf dem sozialen Netzwerk der Nutzer angemeldet hat? Die zugrunde liegende Logik lautet: Wenn du miese Freunde mit schlechtem Zahlungsverhalten und entsprechendem Vermögen hast, dann steht es höchstwahrscheinlich auch um deine eigene Kreditwürdigkeit nicht besonders gut. Also pass gut auf, mit wem du dich in der realen und der virtuellen Welt so abgibst. Sonst kommen die Zahlen dich noch holen.

GELD IN DER MATRATZE

Zurück zur Quantified-Self-Bewegung. Tim Ferriss und andere Selbstbeobachter werden von vielen beschuldigt, Zahlen zu einer Währung und zum Wettbewerbsmittel und damit jeden Menschen zu einem kleinen Unternehmen zu machen. Wenn alle Zahlen aus Fitnesstrackern und Smartphones zur Optimierung und Leistungssteigerung verwendet werden sollen, kommt man einer Marktanalyse des Menschen gefährlich nahe. Es gibt ja immer eine neue Zahl anzustreben, immer etwas zu vergleichen und zu verbessern. Da überholt die Marktlogik die Beziehungslogik und Menschen werden zu selbstoptimierenden Kleinunternehmen.

Und weil deine Daten samt und sonders einen großen kommerziellen Wert haben, ist es leicht, sie gegen neue Dienste und bessere

Empfehlungen von Technologieunternehmen wie Google, Strava, Facebook und Apple einzutauschen. Wenn Google Zugang zu den Daten von Sensoren auf deinem Körper, von deinem Smartphone und Sensoren in deiner Wohnung hätte, könnte dein Alltag völlig anders aussehen. Dann könnte sich die Kaffeemaschine in dem Moment einschalten, in dem du aufwachst, Haus und Auto sich deinen Tageszielen anpassen und entsprechend programmiert werden, Fitnessprogramm und Mahlzeiten maßgeschneidert und die wertvollsten Beziehungen gepflegt und optimiert werden. Je mehr Daten du bereit bist preiszugeben, desto besser und gezielter die Empfehlungen. Du könntest dafür sogar mehr Vorteile und Belohnungen bekommen.

Es gibt zum Beispiel Online-DNA-Profilierungsdienste. Für nur etwa 50 Euro kann man sich im Internet seinen individuellen genetischen Fingerabdruck erstellen lassen. Noch besser: Diese Daten kannst du bei verschiedenen Technologieunternehmen hochladen und bekommst dann maßgeschneiderte Ratschläge zu so ziemlich allem: Diät, Sport, Haarausfall, Pickel, Glücksspiel, Sommersprossen, Aggression, Depression, Sonnenbaden und Kaffeekonsum, um nur ein paar zu nennen. Es gibt auch Apps, die anhand deines genetischen Fingerabdrucks ausknobeln, welcher Wein am besten zu dir passen würde. Clever, was?

Im Kampf um den Zugang zu deinen Zahlen und Daten dringen die Technologieunternehmen in ganz neue Geschäftsfelder vor, von denen du wahrscheinlich nie gedacht hättest, dass sie für sie interessant sein könnten. Betten und Matratzen zum Beispiel. Doch, doch, Technologieinvestoren investieren inzwischen viel Geld in etwas so Analoges und Langweiliges wie Matratzenhersteller. Hättest du voraussehen können, dass diese Branche »disrupted« wird? Und warum um alles in der Welt Matratzen?

Also, die Investoren sind der Meinung, dass du in Zukunft kein

Bett mehr kaufst, sondern guten Schlaf. Menschen brauchen kein Bett, sie brauchen Schlaf. Durch Sensoren und die Überwachung der Matratze kann dein Schlaf optimiert werden. Und wenn du in einem Hotel eincheckst, in einem Airbnb übernachtest oder in einem Zelt schläfst, nimmst du diesen guten Schlaf einfach mit.

ZAHLENKAPITALISMUS

Früher hieß es, Zeit ist Geld. Jetzt sind offenbar die Zahlen das Geld. Und gespartes Geld ist verdientes Geld. Bonuspunkte können gegen Urlaubsreisen, Flüge oder Waren eingetauscht werden, Fitbit-Daten gegen niedrigere Lebensversicherungsprämien. Höhere Kundenzufriedenheitsindizes und Arbeitsplatzevaluationen bringen dir einen Bonus. Zahlen zum Fahrverhalten deines Autos verhelfen dir zu einer günstigeren Kfz-Versicherung. Je besser die Kreditwürdigkeit, desto günstiger das Darlehen. Bewertungen von Restaurantgästen steigern den Umsatz. In China ermöglichen hohe Sozialpunkte schnelleres Internet. Und die Anzahl der Likes kann in glänzende Dollar und Bitcoins umgerechnet werden.

Versuch mal, »TikTok money calculator« zu googeln (dass »googeln« zu einem geläufigen Verb geworden ist, ist an sich schon ein Zeichen für die Macht des Zahlenkapitalismus). Das wirft dir über vier Millionen Treffer aus. Es gibt unzählige Rechner, die Follower, Views und Likes in schnelles Geld umrechnen: *How much money can you make on TikTok?* Zugegeben, ein paar Zehntausend Aufrufe braucht man schon, bevor das Geld auch nur für einen Schokoriegel reicht, aber trotzdem: Die Währung ist da. Und so träumen Millionen junger Menschen auf der ganzen Welt von einer Zukunft als Influencer oder Promi, in der die Likes und das Geld nur so hereinströmen.

Im Jahr 2019 verdiente die 19-jährige Addison Rae Easterling am meisten unter den TikTok-Stars. Ihre mehr als 60 Millionen Follower sorgten dafür, dass 5 Millionen Dollar auf ihr Konto flossen. Verrückt, oder? Die Nummer zwei auf der Liste, Charli D'Amelio, war sogar noch jünger. 15 Jahre, 8,6 Milliarden Likes und 4 Millionen Dollar Umsatz. Inzwischen hat sie weit über 100 Millionen Follower. Ihre »Karriere« verlief in einem Rekordtempo, vom TikTok-Kinderstar über die *Tonight Show* mit Jimmy Fallon bis hin zu Verträgen mit Prada und Hollister und dem Superbowl. Übrigens ist ihre ältere Schwester Dixie die Nummer drei auf der Liste. 49 Millionen Follower, acht Milliarden Likes. Wundert es da noch, dass die Kinder von heute so auf Zahlen fixiert sind?

Und wie wir wissen, sind es nicht nur die Kinder. Wir sind schließlich Zahlentiere, und Zahlen versetzen uns automatisch in helle Begeisterung. Sie sind Gott und Mammon und Porno in einem. Schließlich ist der Wert der Zahlen in deinem Körper, in deinem Gehirn und in unserer gemeinsamen Geschichte verankert.

> Im vergangenen Sommer postete ich ein Trainingsvideo auf Instagram. An sich nichts Besonderes, das mache ich ziemlich oft. Aber der Clou an diesem Video war, dass es innerhalb von ein paar Tagen über 30 000 Aufrufe hatte, weit mehr als die 10 000, welche die Videos normalerweise erreichen. Bald waren es über 40 000. Wahrscheinlich lag es einfach am Timing, weil gerade Ferienbeginn war und die Leute nichts anderes zu tun hatten, als auf Insta Zeit zu vertrödeln und auch ein bisschen mehr Lust auf Workout-Inspiration hatten. Beim nächsten Mal gab ich mir etwas mehr Mühe und drehte ein Video, von dem ich dachte, dass es die 50 000er-Marke knacken würde. Aber zu meiner großen Enttäuschung blieb es bei den üblichen 10 000, die mir jetzt

gar nicht mehr so toll vorkamen. Und jedes Mal wenn ich danach ein neues Video gepostet habe, beschlich mich das gleiche Gefühl: Die Reaktion auf dieses eine Video hatte mich gierig gemacht. Auch wenn sich die Aufrufe zeitweise verdoppelten, fühlte es sich im Vergleich zu den 40 000, die ich bekommen hatte, immer noch sehr mickrig an. So sehr, dass ich nach einer Weile aufgehört habe, neue Videos zu machen. Bringt ja doch nix.

Micael

Falls du glaubst, dass Geld und das Streben nach mehr Geld uns berauschen und abhängig machen kann, solltest du dich auch fragen, was all die *anderen* Zahlen im Leben mit uns machen. Frag nur mal Torbjørn Høstmark Borge, welchen Kick ihm seine Strava-Zahlen verschafft haben und wie süchtig er danach war, bevor es den Bach runterging und seine Muskeln komplett schlappmachten. Und dann frag doch mal Parvez Iqbal, wie aufgeregt sein Sohn Noor war, wenn er Likes für seine TikTok-Videos bekam, wie besessen er davon war, bevor er sich schlussendlich das Leben nahm.

Die Zahlen schleichen sich nämlich in weit mehr Lebensbereiche als Währung ein als Geld. Inzwischen kannst du dir irgendeinen Buchstaben aus dem Alphabet heraussuchen und wirst bestimmt eine App oder einen Dienst mit dem entsprechenden Anfangsbuchstaben finden. Nimmst du das T? Dann passen: Twitter, Tinder, TikTok, TripAdvisor. Wie sieht's mit B aus? Da hätten wir BMI, Betsson und Booking.com

Sollen wir weitermachen?

Sieh es ein: Du hast dich zu einem Zahlenkapitalisten entwickelt, dem es um immer mehr, höher und besser geht. Die Zahlen, um die du dich bemühst, können gegen alles Mögliche eingetauscht werden – von sozialem Status und Selbstvertrauen bis hin zu maßgeschneiderten Dienstleistungen und finanziellen Vorteilen. Die Zahlen sorgen für Begeisterung, aber leider auch für etwas weniger Moral und Sozialkompetenz. Aber nachdem dir die Zahlen bereits so wichtig geworden sind, ist es doch gut, dass sie so konkret, objektiv, ehrlich und wahr sind … Mehr dazu im nächsten Kapitel.

Das passt vielleicht nicht ganz hierher, aber ich finde diese Geschichte zu skurril, um sie nicht zu erzählen. Als die Kinos während der Coronapandemie endlich wieder eingeschränkt geöffnet wurden, gingen mein Sohn Dante und ich hin. Wir beide gehen furchtbar gern ins Kino und hatten uns darauf gefreut, den Film *Tenet* zu sehen, dessen Kinostart schon seit einiger Zeit verschoben werden musste. Er gefiel uns beiden sehr gut. Die Kritiken habe ich mir danach nicht mehr angesehen (die Lektion hab ich gelernt), aber ich konnte es mir nicht verkneifen, auf eine Schlagzeile zu klicken, laut der die Ticketverkäufe für den Film hinter den Erwartungen zurückgeblieben waren. Die Enttäuschung war groß, denn der Film brach keine Kassenrekorde, sondern schaffte es nur knapp in die Liste der zehn umsatzstärksten Filme der letzten zehn Jahre. Das fand ich an sich schon ziemlich seltsam, einerseits, dass ein Film, der keine Rekorde bricht, eine Enttäuschung sein soll (es kann ja nicht jeder neue Film Rekorde brechen, oder?), und andererseits, dass ein Film, für den *mitten in einer Pandemie* immer noch so viele Karten verkauft wurden, obwohl die Kinos aufgrund gesetzlicher Bestimmungen nicht einmal die Hälfte der Plätze besetzen durften, eine Enttäuschung sein sollte – wie zahlengierig ist das denn? Aber das Bizarrste

war wohl, dass ich mich selbst dabei ertappte, dass ich
ebenfalls enttäuscht darüber war, dass der Film, der uns so
gut gefallen hat, keine höheren Einspielergebnisse erzielte.
»Was, für mehr hats nicht gereicht?«

                             Micael

Da hätten wir's also. Jetzt haben wir festgestellt, dass wir alle miteinander zu Zahlenkapitalisten geworden sind. Aber ist das vielleicht ein bisschen zu düster und dystopisch? Eine zukünftige Welt, in der die Zahlen deiner Fitbit, deines Telefons, deiner Matratze, deiner Social-Media-Profile, deines Autos und deines Zuhauses in Rabatte, Geld, Status und Skrupellosigkeit verwandelt werden? Wie wäre es denn bitte mit einer kleinen Aufmunterung gegen Ende dieses Kapitels? Haben die Zahlen als Währung nicht auch positive Seiten?

Klar doch. Weil wir Zahlen häufig mehr trauen als uns selbst, können uns Zahlen auch aus Situationen retten, in der Unsicherheit und Vorurteile unsere schlimmsten Seiten zum Vorschein bringen. Auch das haben wir uns mal etwas näher angesehen.

Bekanntermaßen spielen verinnerlichte Vorurteile eine Rolle dabei, wie wir über Menschen, die anders sind als wir, denken und wie wir uns ihnen gegenüber verhalten. Wir wissen zum Beispiel, dass Airbnb-Gastgeber, die einer anderen ethnischen Gruppe angehören (»die«), schlechter bezahlt werden als Gastgeber, die »wie wir« sind (derselben ethnischen Gruppe angehören).

Wir haben überprüft, wie es sich in Norwegen verhält. In drei Experimenten mit insgesamt 1600 Teilnehmern wurde getestet, wie die Norweger auf völlig identische Wohnungen unterschiedlicher Gastgeber reagierten. Die Ergebnisse waren enttäuschend. Wenn die gleiche Privatwohnung mit einem Vertreter einer nichtwestlichen Minderheit als Vermieter präsentiert wurde, äußerten sich die Teilnehmer negativer über die Unterkunft, und die Wahrscheinlichkeit, dass sie sich für diese Wohnung entschieden, sank um bis zu 25 Prozent.

Was passiert, wenn wir Zahlen in Form einer auf den Erfahrungen anderer Gäste basierenden Bewertung (1 bis 5 Sterne) einführen? Ob das hilft? Doch, sehr sogar: Mit einer Fünf-Sterne-Bewertung lösten sich alle Unsicherheit und Voreingenommenheit auf wie Tau im Sonnenschein, und die Differenz von 25 Prozent bei der Auswahlquote zwischen »Gastgeber anderer Herkunft« und »Gastgeber gleicher Herkunft« sank auf null.

Zahlen als Währung haben also zum Glück nicht *ausschließlich* dunkle und dystopische Seiten. In Situationen, in denen wir ohne ihre Hilfe möglicherweise Voreingenommenheit und Ungewissheit in unsere Entscheidungen einfließen lassen, bieten sie uns eine Orientierungshilfe und vermitteln ein besseres Gefühl der Kontrolle.

Aber auch wenn es Lichtblicke gibt: Leicht ist es nicht gerade, sich gegen den Zahlenkapitalismus zu immunisieren. Schließlich kannst du nicht einfach die Welt abschalten, in den Wald ziehen und von Tannenzapfen und Beeren leben. Doch ein paar Impftipps geben wir dir trotzdem mit auf den Weg:

1. Überlege gut, bevor du deine Zahlen gegen Geld tauschst. Sollen Google, Apple und der Rest der Bande wirklich alles über dich, deine Familie und deine Gesundheit wissen?

2. Überprüfe deinen Zahlenschatz nicht tagtäglich, egal ob es sich um deine Gesundheit, deine Finanzen oder die sozialen Medien handelt. Das führt nicht nur zu mehr Stress, mitunter wird man auch selbstsüchtiger und weniger moralbewusst.

3. Finde selbst heraus, welcher Wein dir am besten schmeckt, frag nicht irgendeine App. Zumindest keine App, die für die Antwort deine DNA benötigt.

4. Sollten dir die Zahlen deiner Social-Media-Kanäle wichtiger werden als die Inhalte, lösch die Apps.

5. Wenn du über 20 bist, poste keine Imitationen von Charli D'Amelios TikTok-Videos. Das sieht so bescheuert aus. Und reich wirst du damit auch nicht ...

Als wäre die Vorstellung, dass Zahlen eine neue Art von Kapitalismus hervorbringen, der uns sowohl individuell als auch als Gesellschaft beeinflusst, nicht schon gewaltig genug, fragen wir uns außerdem, ob Zahlen auch die Art und Weise beeinflussen, wie wir Wahrheit interpretieren und uns aneignen. Es wird Zeit, tiefer einzusteigen und noch einmal der Frage nachzugehen, wie Zahlen unser Vertrauen und unsere Empathie beeinflussen.

ZAHLEN UND
WAHRHEIT

8

Schweden hat die höchste Vergewaltigungsrate der Welt. Das war an einem Freitagmorgen im August 2016 auf den Nachrichtenmonitoren des internationalen Flughafens Istanbul zu lesen. Noch ehe der Tag zu Ende war, hatte die Nachricht weltweit, von Schweden bis Australien, für Schlagzeilen gesorgt und die Aufmerksamkeit sowohl von der BBC als auch von Reuters geweckt. Es wurde darüber spekuliert, dass die Nachricht bewusst mit dem Ziel, sie einmal um die Welt zu schicken, strategisch auf dem Flughafen platziert worden war, man vermutete, das Timing hinge damit zusammen, dass sich der schwedische Außenminister fünf Tage zuvor kritisch gegen eine Gesetzesänderung in der Türkei geäußert hatte, nach der Geschlechtsverkehr mit Minderjährigen nicht mehr automatisch als Vergewaltigung gelten sollte. Und vermutlich hätte sich die Nachricht nie derartig schnell weltweit verbreitet, wenn sie nicht auch noch Zahlen enthalten hätte.

Die Zahlen, die tatsächlich aus Schwedens Statistik zu Vergewaltigungen und sexuellen Übergriffen stammten, wurden mit denen anderer Länder verglichen, die, ganz richtig, sehr viel niedriger waren. Weitaus weniger Beachtung wurde dem möglichen Zusammenhang mit der strengeren Gesetzgebung in Schweden geschenkt und der Tatsache, dass Vergewaltigungen dort häufiger sowohl Anzeigen als auch Strafen zur Folge haben, wie schwedische Experten betonten.

Nur gibt es, selbstverständlich, keine Zahlen darüber, wie viel Prozent *aller* Vergewaltigungen tatsächlich angezeigt werden, die sich weltweit vergleichen ließen.

Die Zahlen aus der Vergewaltigungsstatistik dagegen brannten sich ein. Im Jahr darauf sorgten wieder auf der ganzen Welt Schlagzeilen für Furore, in denen gefragt wurde, ob »Schweden Vergewaltigungshauptstadt der Welt« sei. (Die Nachrichtenschreiber haben anscheinend nicht kapiert, dass Schweden ein Land ist und keine Stadt, vielleicht würde es helfen, wenn wir ihnen die Unterschiede mit Zahlen belegen würden …) Diesmal war es ein britischer Abgeordneter des Europäischen Parlaments, der die Zahlen in der Debatte um die Aufnahme Asylsuchender benutzen wollte, indem er darauf hinwies, dass die Zahl der gemeldeten Vergewaltigungen in Schweden in den vergangenen Jahren parallel mit der Zahl der aufgenommenen Geflüchteten gestiegen sei. Im gleichen Zeitraum hatte Schweden den Tatbestand der Vergewaltigung erweitert, doch darauf ging der britische Politiker nicht weiter ein. Und natürlich gibt es keine Zahlen darüber, wie viele Vergewaltigungen entsprechend der neuen Definition es vor der Ausweitung des Begriffs gegeben hatte. Das Einzige, was die Welt also mit Sicherheit wissen konnte, war demnach, dass Schweden statistisch die höchsten (und seit einigen Jahren sprunghaft ansteigenden) Zahlen *zur Anzeige gebrachter* Vergewaltigungen hatte.

> Mir wurde zum ersten Mal so richtig bewusst, in welchem Maße Zahlen unsere Aufmerksamkeit steuern, als ich mein Buch *Monster* schrieb und versuchte, mir einen Reim darauf zu machen, warum es in den USA die meisten Serienmörder der Welt gibt. Warum nicht in China oder Indien, wo ja deutlich mehr Menschen leben? Und warum gab es in Russland, das ebenfalls ein extrem großes Land ist, beinah überhaupt keine Serienmörder?

Mehrere Erklärungen waren denkbar, etwa, dass es in den USA vergleichsweise mehr Gewalt im Fernsehen gab, doch schon mein erster Versuch, die Länder miteinander zu vergleichen, scheiterte. Ich fand nämlich keine Zahlen zu den Serienmördern in den anderen Ländern. Nur für die USA gab es Zahlen, und das waren die weltweit höchsten. Als ich versuchte herauszufinden, ob es einen Zusammenhang mit dem gestiegenen Anteil der Fernsehgewalt und der Zunahme der Serienmörder gab, konnte ich nicht weiter als bis in die 1970er-Jahre zurückgehen. Vorher gab es in den USA nämlich keine Serienmörder, weil man den Begriff noch gar nicht definiert hatte.

Micael

DIE EINZIGE WAHRHEIT, DIE WIR BRAUCHEN?

Gegen Zahlen lässt sich schwerlich argumentieren, auch wenn sie nicht die ganze Wahrheit darstellen. Immerhin sind sie der Teil der Wahrheit, auf den wir uns verlassen. Man kann unterschiedlicher Meinung darüber sein, was beispielsweise »das meiste« oder »viel« ist, und wir brauchen diese Meinung nicht zu teilen, aber Zahlen sind für alle gleich. Auch wenn sie nicht die ganze Wahrheit, sondern nur einen Teil davon darstellen, werden sie doch zur einzigen Wahrheit.

Vielleicht hat es bei den Vergewaltigungsschlagzeilen bei dir geklingelt, vielleicht hast du dich sogar an die eine oder andere Zahl erinnert. Aber weißt du auch (noch), woher die Zahlen stammten?

Vermutlich nicht, denn wenn die Zahlen doch sowieso für alle gleich sind, spielt die Quelle ja wohl keine ganz so große Rolle, oder?

Was, wenn wir berichteten, dass die Zahlen in Wirklichkeit von einem Forschungsinstitut stammten, das sich als eine Erfindung, ein Fake, herausgestellt hat? Vermutlich würdest du glauben, wir wollten dich verwirren, und ja, wollten wir auch. (Entschuldigung, wir konnten es einfach nicht lassen.) Die Zahlen stammen von dem Schwedischen Rat zur Kriminalprävention (Brottsförebyggande rådet [Brå]), der in höchstem Maße echt und zuverlässig ist. Aber wir haben dich kurz verunsichert, stimmt's?

Und darum geht es uns: dass du dir beim Lesen oder Hören der Nachrichten wahrscheinlich nie besonders viele Gedanken über die Quelle gemacht hast.

Studien zeigen, dass Menschen, die Nachrichten *ohne* Zahlen lesen, die Glaubwürdigkeit anhand der Quellen beurteilen, dass ihnen die Quelle aber mit einem Mal beinahe egal ist, wenn die Artikel Zahlen enthalten. Was andere sagen, finden oder meinen, betrachten wir als ihre Version oder ihren Teil der Wahrheit – Zahlen jedoch als *die* Wahrheit. Die einzige Wahrheit, die wir brauchen.

Ein eindrucksvolles und zugleich ein wenig gruseliges Beispiel dafür ist eine Studie, bei der die Teilnehmer einen Nachrichtenartikel über die Opfer eines Erdbebens in Indonesien zu lesen bekamen, und zwar in einer Version mit und einer ohne Zahlenangaben. Die Forscher maßen die Augenbewegungen der Probanden und stellten fest, dass diejenigen, die die Version mit den statistischen Zahlen lasen, den Blick seltener auf die Bilder der Katastrophe und der Opfer richteten (und folglich bei der Frage, wie viel sie bereit wären für die Betroffenen zu spenden, auch niedrigere Beträge nannten).

Es besteht die Gefahr, dass wir aufgrund der Zahlen weniger nachdenken. Das würde die Ergebnisse einer Gehirnscan-Studie erklären, in der Versuchspersonen Nachrichten in Versionen mit und ohne

Zahlen zu hören bekamen. Dabei wurde festgestellt, dass der präfrontale Kortex bei den Probanden, die die Nachrichten mit Zahlen hörten, weniger aktiviert war. Der präfrontale Kortex ist der Teil des Gehirns, der das Einfühlungsvermögen und unsere Fähigkeit steuert, Perspektiven zu wechseln und Standpunkte zu verändern. Die Forscher gingen in ihren Schlussfolgerungen sogar so weit zu schreiben, dass die Zahlen die Gehirnaktivität der Probanden außer Kraft setzten.

So ähnlich verhält es sich auch mit denjenigen, die Nachrichtenmeldungen verfassen. Eine Inhaltsanalyse von mehr als 100 000 Nachrichten und Social-Media-Posts in den USA ergab, dass die Verfasser umso weniger und obendrein schwächere emotionale Ausdrücke verwendeten, je größer die Zahlen waren, über die sie berichteten. Zahlen scheinen eine abschreckende Wirkung zu haben. Je größer die Zahlen, desto weniger wird eine eigene und persönliche Perspektive gebraucht.

In der Zahlendemie, in der wir uns befinden und in der uns immer mehr Zahlen zur Verfügung stehen, könnte das große Folgen haben. Zumal Medienforscher herausgefunden haben, dass Nachrichten, in denen Zahlen genannt werden, mehr Platz in den Medien bekommen, und dass Journalisten lieber über Nachrichten berichten, die mit Zahlen zu tun haben – und zwar fast unabhängig davon, welche. Forscher nennen dies das Zahlenparadox: Journalisten haben seltener das Bedürfnis, den Wahrheitsgehalt von Zahlen selbst zu überprüfen, weil eine Zahl ihrer Meinung nach immer und daher auch von jedem (anderen) überprüfbar ist. Die paradoxe Schlussfolgerung ist also, dass die Zahlen wahr sein müssen.

Doch wie du dir wahrscheinlich denken kannst, sind sie das nicht immer.

FALSCHE ZAHLEN – ECHTE NACHRICHTEN

Man kann Zahlen erfinden. Echt. Beispielsweise dass von diesem Buch hier in Norwegen schon 500 000 Exemplare verkauft wurden (das ist – noch? – nicht der Fall, aber das war einfach auszudenken und der Gedanke gefällt uns sehr). Oder dass das Monsterauto Hummer nur 1,95 Dollar pro Meile an Kraftstoff kostet, ein Prius dagegen 3,25 Dollar – wie 2007 in den Schlagzeilen behauptet wurde (was nur dann stimmte, wenn man die Kosten auf 35 Jahre Nutzungszeit für den Hummer und 12 Jahre für den Prius verteilte, wie es die PR-Firma hinter den Zahlen tat). Oder auch, dass das Pentagon zu Beginn des Vietnamkriegs eine vielfach höhere Zahl an beschlagnahmten Waffen und nur einen Bruchteil der tatsächlichen Opferzahlen angab, um positive Schlagzeilen und die Unterstützung der Bevölkerung zu erhalten.

> 2002 arbeitete ich einige Monate an einer Universität in den USA. Jung und neugierig, wie ich war, verfolgte ich selbstverständlich die Nachrichten, ganz besonders die einer wichtigen amerikanischen Institution: des Frühstücksfernsehens nämlich. Und dort, bei *Good Morning America*, erfuhr ich, während ich meine Cornflakes verspeiste, dass von Natur aus blonde Menschen innerhalb von 200 Jahren aussterben würden, da sie genetisch schwächer seien als Brünette. Es hieß, Experten der WHO (World Health Organization) hätten berechnet, die letzte Blondine würde wahrscheinlich im Jahr 2202 in Finnland geboren werden. Später berichteten mehrere Medien über diese Nachricht, darunter auch die BBC und andere seriöse Nachrichtensender. Das war freilich alles erfunden, und die WHO entschloss sich zu dem ungewöhnlichen Schritt, die folgende Presse-

mitteilung herauszugeben: »Die WHO möchte klarstellen, dass sie zu diesem Thema niemals Forschung betrieben hat. Auch hat die WHO soweit bekannt keinen Bericht herausgegeben, der vorhersagt, dass naturblonde Menschen bis zum Jahr 2202 wahrscheinlich aussterben werden.«

Scheinbar bleiben auf der ganzen Welt sowohl der gesunde Menschenverstand als auch das kritische Denken auf der Strecke, sobald eine genaue Zahl im Zusammenhang mit der Nachricht genannt wird. Die angebliche mathematische Gewissheit, die mit der Berechnung des Jahres 2202 verbunden war, verlieh der Meldung die Aura wissenschaftlicher Glaubwürdigkeit. So idiotisch eine Meldung auch erscheinen mag, sobald eine Story mit einer Zahl oder Statistik in Verbindung gebracht wird, tappen Journalisten immer wieder in die Falle.

Helge

Früher hieß das Propaganda, heute nennt man es *Fake News*. Und wie Zahlen seit jeher ein klassischer Propagandatrick sind (kurze Internetsuche nach »Propaganda« und schon tauchen ganz oben in der Liste Zahlen auf, noch vor Tipps dazu, wie man Propaganda als solche erkennt oder – ja, leider – selbst macht), sind sie auch in Fake News höchst effektiv. Auf zweierlei Weise.

Erstens brauchen wir nicht einmal zu glauben, dass die Zahlen wahr sind, um von ihnen beeinflusst zu werden. Nehmen wir etwa die Anzahl der Toten durch Schussverletzungen in Malmö. Welche Zahl kommt dir plausibler vor:

600 Menschen pro Jahr werden erschossen?
10 Menschen pro Jahr werden erschossen?

Behaupten wir, die richtige Zahl laute 600 Menschen pro Jahr, findest du die Zahl wahrscheinlich etwas zu hoch – mehr als anderthalb Personen pro Tag werden doch wohl kaum erschossen? Aber wenn wir dich darum bitten würden, die tatsächliche Zahl zu schätzen, nachdem wir dir diese beiden Optionen vorgelegt hätten, würde deine Schätzung ganz gewiss höher ausfallen, als wenn wir dich gefragt hätten, ob es deiner Meinung nach null oder zehn Todesopfer pro Jahr wären. Wahrscheinlich hättest du dann eher etwas in der Größenordnung vermutet, nicht 55 oder 78.

Die Zahlen, denen wir begegnen, schaffen einen Referenzrahmen, egal ob sie stimmen oder nicht. Das wissen wir, weil wir es getestet haben.

Als das Thema Todesopfer durch Schießereien in Malmö vermehrt durch die Presse ging (wie es der Zufall wollte, gerade vor den Reichstags- und Kommunalwahlen in Schweden), teilten wir rund 1000 willkürlich ausgewählte Schweden in zwei Gruppen und baten die eine, zu unserer Behauptung, es gäbe 600 Todesopfer durch Schüsse pro Jahr, Stellung zu nehmen, während die anderen sich dazu äußern sollten, dass im Jahr zehn Personen an Schussverletzungen starben. Die Gruppe, die die höhere Zahl gezeigt bekam, hielt sie (zum Glück!) für zu hoch und falsch. Doch als die Teilnehmer anschließend die tatsächliche Zahl erraten sollten, fiel diese Schätzung durchschnittlich fast doppelt so hoch aus wie die der Gruppe, der die niedrigere Zahl mitgeteilt worden war (die auch als glaubwürdiger empfunden wurde). Die Gruppe, die die höhere Zahl gesehen hatte, war auch der Meinung, die Stadt sei weniger sicher. Obwohl sie nicht glaubte, die Zahl würde ihren Blick auf die Wahrheit beeinflussen.

Die Psychologen nennen das den *Ankereffekt* – wenn wir uns unsere eigene Auffassung bilden, brauchen wir einen Ausgangspunkt, etwas, an dem wir diese Auffassung verankern können. Und weil Zahlen die Neuronen in unseren Gehirnen blitzschnell erreichen, kommen wir gar nicht dazu, uns gegen sie zu wehren, ehe sie Anker werfen und unser Urteilsvermögen beeinflussen, selbst wenn wir wissen, dass sie falsch sind.

Wenn du beispielsweise erst die Frage beantworten sollst, ob du glaubst, dass die Wahrscheinlichkeit für einen Ausbruch eines Atomkriegs in den nächsten zehn Jahren größer oder kleiner ist als 90 Prozent, wirst du vermutlich antworten, sie sei kleiner. Würde man dich dagegen fragen, ob die Wahrscheinlichkeit größer oder kleiner als 1 Prozent ist, würdest du vielleicht sagen, sie sei größer. Doch wenn du die Wahrscheinlichkeit selbst einschätzen sollst, wirst du eine höhere Zahl angeben, wenn dir zuvor die erste Frage gestellt wurde (durch die die 90 Prozent wie ein Anker in deinem Gehirn platziert wurden), als wenn du die zweite bekommen hättest (die stattdessen 1 Prozent verankert hätte). Wissenschaftler, die eine solche Untersuchung durchführten, bekamen genau die gleichen Ergebnisse. Selbst bei einer Wiederholung des Versuchs, bei dem die Teilnehmer aufgefordert wurden, noch einmal ganz genau darüber nachzudenken, wie ein Atomkrieg eigentlich zustande kommt, und selbst wenn man ihnen ausdrücklich mitteilte, dass die Zahlen 90 und 1 völlig aus der Luft gegriffen waren. Jedes Mal wieder schätzten diejenigen, die die höhere Zahl gesehen hatten, die Wahrscheinlichkeit auf etwa 25 Prozent (!) ein, während diejenigen, die die niedrigere Zahl gesehen hatten, auf etwa 10 Prozent tippten.

Noch bizarrer wird es, wenn man glaubt, sich von der falschen Zahl gelöst zu haben und darum umso überzeugter von der eigenen (durch den Anker in unserem Gehirn stark beeinflussten) geschätzten Zahl ist. Als zum Beispiel Wirtschaftsstudenten in São Paulo gebeten wurden, den Wert großer börsennotierter Unternehmen zu schätzen, wurden ihre Schätzungen (wenig überraschend) davon beeinflusst, dass sie zuvor gefragt worden waren, ob der Wert höher oder niedriger als eine bestimmte (extrem viel zu hohe oder zu niedrige) Zahl sei. Aber sie waren auch viel überzeugter von ihren eigenen (fast genauso falschen) Zahlen als die Studenten, denen vor ihren (viel zutreffenderen) Schätzungen keine anderen Zahlen gezeigt worden waren. Sie waren sogar bereit, Geld darauf zu setzen.

Die Zahlen täuschen uns doppelt: Einerseits beeinflussen sie uns, ob wir ihnen glauben oder nicht, andererseits tragen sie zur Verfestigung unserer (von ihnen dennoch beeinflussten) Sicht auf die Wahrheit bei, sogar dann, wenn wir ihnen gar nicht glauben.

> Gibt es außer mir noch jemanden, der sich in den 1990ern nicht traute, irgendetwas zu essen, das den Süßstoff Aspartam enthält, weil Forscher gewarnt hatten, er fördere das Wachstum von Gehirntumoren?
>
> Die Geschichte über die angebliche Gefährlichkeit von Aspartam ist faszinierend, denn sie zeigt, dass selbst völlig korrekte Zahlen uns leicht in die Irre führen können, wenn sie auf neue Weise kombiniert werden. So stellten Forscherinnen und Forscher drei bis vier Jahre nach der Markteinführung von Aspartam in den frühen 1980er-Jahren tatsächlich eine besorgniserregende Zunahme von Hirntumoren fest. Eine Studie dazu wurde im *Journal of Neuropathology and Experimental Neurology* veröffentlicht. Obwohl alle Daten, auf denen die Studie beruhte, korrekt waren, war die Schlussfolgerung völlig falsch. In den 1980er-Jahren stieg nämlich auch die Zahl ganz anderer Dinge drastisch an: etwa die Zahl der Walkmans, Tom-Cruise-Poster, Schulterpolster, Donkey-Kong-Spiele und die öffentlichen Ausgaben. Tatsächlich gab es einen stärkeren Zusammenhang zwischen den verkauften Aspartam-Produkten und den öffentlichen Ausgaben als zwischen Aspartam und der Anzahl der Gehirntumore. Alles klar? Es handelt sich um

> eine klassische Falle: Wir glauben, die Korrelation zwischen korrekten Zahlen sei dasselbe wie Ursache und Wirkung, und daraus entstanden in diesem Fall unglaublich viele kuriose Pressemeldungen, falsche Wahrheiten und echte Verschwörungstheorien.
>
> Helge

Als wäre das nicht genug, brauchen die Zahlen noch nicht einmal etwas mit einer Sache zu tun zu haben. Schließlich sind wir Zahlentiere, die instinktiv auf vorliegende Zahlen reagieren, und zwar egal welche. In einigen historischen Versuchen durften Studenten der Handelshochschulen Cornell und Harvard voraussagen, wie viele Punkte der erfundene Basketballspieler Stan Fischer (mit der Trikotnummer 54 oder 94) im nächsten NBA-Spiel erzielen würde beziehungsweise wie viel Geld sie wohl für ein Essen in einem neuen, frei erfundenen Restaurant in der Stadt (mit dem Namen Studio 17 oder Studio 97) ausgeben würden. Von dem Stan Fischer mit der höheren Trikotnummer wurde erwartet, dass er deutlich mehr Punkte im Spiel erzielen würde, und das Restaurant mit der höheren Zahl war offenbar ein teures Pflaster.

Und jetzt wirds richtig unheimlich. Was, wenn die Zahlen, die in unserem Leben immerzu auftauchen, sich in unseren Neuronen verankern und unsere Ansichten und Entscheidungen bezüglich ganz anderer Sachen beeinflussen, die einfach nur gleichzeitig passieren?

Wenn deine Schrittzahl dazu führt, dass du am Automaten mehr Geld abhebst? (Obwohl das vielleicht ein blödes Beispiel ist. Wer unter 20 ist, weiß vielleicht schon gar nicht mehr, wie man Geld – das sind diese Papierscheine – aus einer Wand zieht ...) Wenn die Anzahl der Likes für dein neuestes Foto auf Instagram dich dazu bringt, bei eBay mehr zu bieten, als du eigentlich für angemessen hältst?

Wir sind neugierig geworden und haben einen Versuch dazu gemacht. Wir forderten etwa 1500 Personen auf zu notieren, wie viele Schritte sie am Tag machten. (Die meisten haben ja eine Gesundheits-App auf dem Handy, die die Schritte automatisch zählt. Wer das nicht hatte, sollte die Zahl nach bestem Wissen und Gewissen schätzen.) Dann baten wir die Teilnehmer darum, uns eine Zahl zu nennen – wie viel würden sie für eine 2-Zimmer-Eigentumswohnung in ihrer Stadt bezahlen? Und weißt du was? Je höher die angegebene Schrittzahl, desto mehr waren die Befragten auch bereit, auszugeben. Nun könnte man vielleicht glauben, dass die Einwohner einer großen Stadt ja mehr zu Fuß gehen (wegen der größeren Entfernungen) und dass die Wohnungen in größeren Städten eben teurer sind, aber das haben wir vorher kontrolliert. Höhere Schrittzahlen ergaben höhere Preisvorstellungen, ganz unabhängig von der Stadt. Nun könnte es ja auch sein, dass die Menschen, die mehr Schritte auf der Uhr hatten, sich für besonders fleißig hielten und sich damit »belohnten«, für eine Wohnung mehr Geld auszugeben. Aber der Effekt blieb der gleiche, als wir sie baten, die Durchschnittsmiete für eine Zweizimmerwohnung in ihrer Stadt zu schätzen (also einen Preis, den sie nicht selbst beeinflussen konnten).

Stell dir außerdem vor (und jetzt wirds richtig Orson-Welles-mäßig), was wäre, wenn die Algorithmen wüssten, wie hoch die Zahlen sind, mit denen du aktuell konfrontiert wirst, und dementsprechend die Werbebotschaften oder Fake News anpassten?

In gewisser Weise geschieht das bereits. Die Algorithmen in Social Media reagieren auf Klickzahlen, Kommentare und Weiterleitungen und verschaffen den Beiträgen, die viel davon bekommen, mehr Reichweite. Und wie wir bereits festgestellt haben, bekommen Nachrichten mit Ziffern mehr Klicks, wodurch gewissermaßen ein doppelter Zahleneffekt entsteht – die Zahlen in den Beiträgen sorgen für

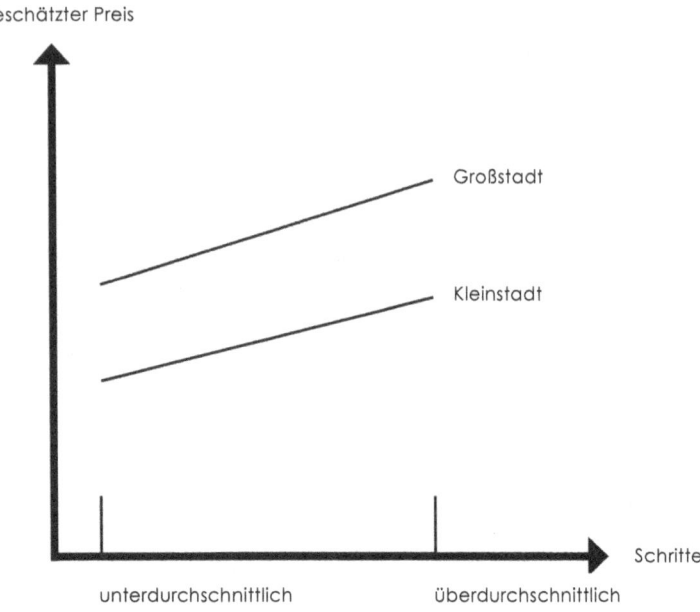

mehr Klicks, was wiederum die Algorithmen dazu bringt, sie noch weiter zu verbreiten. Wenn es sich dann auch noch um aufsehenerregende und kontroverse Zahlen handelt – wie etwa »Schweden ist die Vergewaltigungshauptstadt der Welt« –, sorgt das vermutlich für noch mehr Anschub. Ein Fake-News-Fest vom Feinsten.

ECHTE LIKES – FALSCHES VERTRAUEN

Leider ticken wir Menschen ganz ähnlich wie die Algorithmen. Was uns zur anderen Art und Weise bringt, auf die uns die Zahlen in Fake News beeinflussen (du weißt doch noch, dass wir zweierlei Formen der Beeinflussung erwähnt haben?). Nicht genug damit, dass wir die Zahlen in den Nachrichten nicht ganz abschütteln können, auch gegen die Zahlen *um die* Nachrichten, also Angaben zu Likes und Klicks, können wir uns kaum wehren. Es ist wissenschaftlich erwiesen, dass in den sozialen Medien Nachrichten-Postings mit vielen Likes als glaubhafter aufgefasst werden als solche mit wenigen. Je mehr Likes, desto schwerer fällt es den Nutzern offenbar auch, wahre und falsche Meldungen voneinander zu unterscheiden – die hohe Zahl stellt sich dem kritischen Denken quasi in den Weg. Bei wahren und falschen Nachrichten-Postings mit nur wenigen Likes haben die Nutzer weit weniger Probleme damit, die Spreu vom Weizen zu trennen.

Besonders gruselig wird das Ganze, wenn man bedenkt, dass die meisten Menschen Beiträge kommentieren und liken, ohne sie anzuklicken und tatsächlich zu lesen (und sich eine eigene Meinung dazu zu bilden), dass diese Likes, von denen wir beeinflusst werden, also nicht einmal echte Zustimmung darstellen. Um Einfluss auf uns auszuüben, braucht sich die Zahl de facto nicht einmal auf die Likes zu beziehen, es reicht schon, wenn sie die Anzahl der Klicks anzeigt.

In einem Experiment zeigten wir den Probanden positive oder negative Beiträge bezüglich einer erfundenen Person, mit einer Zahl, die entweder zeigte, dass das Posting 20-mal oder aber 2000-mal angeschaut worden war. Wenn der positive Beitrag angeblich 2000-mal angesehen worden war, waren die Befragten der Person gegenüber gleich viel positiver eingestellt, als wenn er nur 20-mal angeklickt wurde. Entsprechend zeigten sich diejenigen, die den negativen Beitrag sahen, der Person gegenüber ablehnender, wenn sie sahen, dass er schon oft angeklickt worden war. Dabei waren diejenigen, denen die hohe Zahl angezeigt wurde, genauso sicher wie die mit der niedrigeren Zahl, dass sie sich *nicht* davon beeinflussen ließen, wie viele andere den Beitrag gesehen hatten (allerdings neigten sie eher zu der Meinung, dass *andere* von der Zahl beeinflusst worden waren ...).

Seit einigen Jahren kann man einsehen, wie oft ein wissenschaftlicher Artikel von anderen Wissenschaftlern zitiert wurde. Die Idee an sich ist gut, nämlich zu ermitteln, welche Artikel einen wichtigen Beitrag zur weiteren Forschung geleistet und diese beeinflusst haben. Der Wert ist selbstverstärkend – je höher die Zahl, desto häufiger wird der Artikel von Forschern gelesen (und dann selbst zitiert), und so steigt der Zitationszähler immer weiter an. Sogar bei Bewerbungen und Beförderungen wird der Zitationszähler als ein Indikator für die Relevanz und Qualität der Forschung des Kandidaten berücksichtigt. In diesem Zusammenhang stimmt es mich gelinde gesagt ein wenig zwiespältig, dass zu meinen gefragtesten Artikeln einer gehört, den ich auf eine Anfrage hin über die Neudefinition von Werbung schrieb und den viele andere in der Forschungsgemeinde für viel zu radikal hielten, weshalb sie in ihren eigenen Artikeln darauf reagierten. Eine Ursache dafür, dass der Artikel einen so hohen Zitationszähler aufweist, ist also, dass andere Forscherinnen und Forscher *nicht* meiner Meinung sind!

Micael

Wahrscheinlich verdanken wir die Neigung, uns davon beeinflussen zu lassen, wie viele andere das Wahrgenommene (beispielsweise ein Bild oder ein Video) bereits vor uns gesehen haben, dem IPS, also der Gehirnregion, in der sich die Zahlenneuronen befinden. In diesem Areal werden Zahlen mit den primitiven Instinkten verknüpft, mit denen wir auf für uns überlebenswichtige Dinge reagieren – deshalb fühlen wir uns von vielen freundlichen Menschen angezogen und meiden viele unfreundliche. Außerdem ist diese Gehirnregion dafür zuständig, wie wir die Absichten anderer Menschen interpretieren. Die Zahlen »übersetzen« das Verhalten der anderen in eine Art kollektiven Willen, für oder gegen den wir uns entscheiden oder vor dem wir uns hüten sollten. Aber das Verhalten anderer hat überhaupt nichts zu bedeuten – der Beitrag wurde gesehen, Punkt. Womöglich haben die anderen nicht besonders gut aufgepasst, vielleicht hat er sie nicht einmal interessiert. Gut möglich, dass sie sich sogar eine *gegenteilige* Meinung gebildet haben!

Für uns verwandeln sich die Zahlen in dringende Signale – selbst solche, die eigentlich irrelevant sind. Wahrscheinlich wird niemand von uns jemals in eine Situation auf Leben und Tod geraten, in der es darauf ankommt, ob man mit 2000 Menschen befreundet ist oder vor ihnen fliehen muss. Ach was, nicht einmal 20. Vermutlich dürfte es voll und ganz genügen, etwa fünf Menschen auf einmal im Blick zu haben, wie die Völker der Pirahã und Munduruhú im Amazonas, die das ohne Zahlen hinbekommen.

Wenn wir die Pirahã und Munduruhú fragen würden, ob es bei ihnen irgendwelche Promis oder gar ein Phänomen wie einen Shitstorm gibt, würden sie höchstwahrscheinlich nicht einmal verstehen, was wir überhaupt meinen (und das dürfte auch der Grund sein, warum wir keine Artikel finden, in denen Forscher solche Fragen gestellt haben, wäre nämlich sinnlos). Wir, die wir über Zahlen verfügen, haben dafür von beidem mehr als reichlich.

Nicht genug damit, dass man meint, den Bekanntheitsgrad einer Person daran ablesen zu können, wie viele Follower sie hat und wie viele Menschen ihre Arbeit sehen, hören und mögen, es besteht auch die Gefahr, dass wir die Wichtigkeit eines »Promis« und den Wahrheitsgehalt seiner Aussagen umso höher schätzen, je höher die Zahlen klettern. »Viele Follower entsprechen vielen Wahrheitspunkten.« Dieser Irrtum wird natürlich noch verheerender, wenn wir uns die Feststellung vor Augen führen, dass man sich Follower auf Social-Media-Plattformen ja sogar einkaufen kann.

Aus einer Art Zahlenpsychose heraus brauen sich so mitunter regelrechte Entrüstungswellen zusammen, bei denen wir vor allem deswegen zu einer Stellungnahme genötigt werden, weil so viele andere das für wichtig halten und nicht etwa wir selbst oder weil wir tatsächlich eine starke Meinung zu dem Thema hätten.

> Ich erinnere mich, wie die Sorte »Drillingsnüsschen« aus der Aladin-Pralinenschachtel genommen wurde. Die Zeitungen berichteten vom Aufschrei vieler Tausender Menschen, die sich in den sozialen Medien austobten. Der Hersteller, der die Sorte aus der Schachtel nehmen wollte, weil sie in der Produktion viel teurer war als die anderen Pralinen, entschloss sich aufgrund der Proteste, die »Drillingsnüsschen« als ganz eigenes Produkt zu verkaufen. Was bald wieder eingestellt wurde, weil sich zeigte, dass die Nachfrage doch sehr zu wünschen übrig ließ. So viel zum Thema Aufschrei.
>
> Micael

Wir beenden das Kapitel mit einer kleinen Zusammenfassung als Impfdosis gegen verzerrte Wahrheiten:

1. Denk an das Zahlenparadox. Nur weil Zahlen *belegbar* sind, heißt das noch lange nicht, dass sie auch *belegt* sind.

2. Selbst wenn die Zahlen wahr sind, stellen sie doch nicht die *ganze* Wahrheit dar.

3. Geh vorsichtig mit Zahlen um, sie können das Mitgefühl der Menschen mindern und schlimmstenfalls wichtige Botschaften verwässern.

4. Sei dir der Möglichkeit bewusst, dass sich Zahlen im Kopf festsetzen und dich beeinflussen, obwohl du vielleicht weißt, dass sie ohne jeglichen Zusammenhang im Raum stehen oder sogar falsch sind.

5. Denk daran, dass die Zahlen, die in Verbindung mit einer Nachricht auftauchen, nichts über deren Wahrheitsgehalt aussagen. Dass die Nachricht häufig angeklickt wurde oder der Überbringer der Nachricht mehr Follower hat, macht sie nicht wichtiger oder wahrer.

ZAHLEN UND GESELLSCHAFT

9

Behalten wir den Gedanken an Zahlen als Wahrheit noch eine Weile im Hinterkopf und erinnern uns daran, wie Zahlen sich in uns »verankern«, in die Irre führen und manchmal auch ganz einfach vollkommen falsch sind. Und dass wir uns selbst dann, wenn wir *wissen*, dass die Zahlen falsch sind, von ihnen beeinflussen lassen.

Wir sind nämlich noch nicht ganz fertig.

Bisher haben wir uns vor allem damit beschäftigt, wie sich die Zahlen auf dich persönlich auswirken – dein Selbstbild, deine Ansichten, Leistungen und Beziehungen, deine Motivation und Zufriedenheit. Aber was uns als Individuen beeinflusst, wirkt sich selbstverständlich auch auf uns als Gruppe aus. Ein Buch darüber, wie wir unser Leben von Zahlen steuern lassen, ist gleichzeitig auch ein Buch über den Einfluss der Zahlen auf die Gesellschaft als Ganzes. Wir brauchen nur ein wenig die Perspektive zu wechseln.

Die ganze Gesellschaft wird schließlich in höchstem Maße von Zahlen geprägt. Was gibt fast *immer* den Ausschlag, wenn Geschäftsführer, Richter, Politiker und Bürokraten wichtige Entscheidungen treffen? Genau, Zahlen. Zahlen, die häufig nicht stimmen oder falsch interpretiert werden. Irrelevante oder beliebige Zahlen, oder Zahlen, die die Geschichte erzählen, die man selbst erzählen *möchte*.

Nehmen wir ein wohlbekanntes Beispiel aus dem britischen Wahlkampf 2015. Damals behauptete David Cameron, 94 Prozent aller Haushalte hätten von der letzten Steueranpassung profitiert, während Ed Balls von der Labourpartei gegenhielt, Familien mit Kindern hätten aufgrund gestiegener Mehrwertsteuersätze 1800 Pfund verloren, und der stellvertretende Premierminister Nik Clegg stolz verkündete, volle 27 Millionen Menschen hätten im Schnitt 825 Pfund dazubekommen. Wer irrte sich? *Keiner*. Tatsache ist, dass – aufgrund ihres jeweils eigenen und sehr selektiven Gebrauchs von Zahlen und Statistiken – alle drei recht hatten.

Oder nehmen wir die Debatte um die Kriminalstatistik der USA 2016. Donald Trump twitterte eine Grafik, die fälschlicherweise besagte, 81 Prozent aller weißen Mordopfer seien von »Schwarzen« getötet worden. (Die Grafik verwies auf ein sogenanntes »Crime Statistics Bureau – San Francisco«.) Eine selbstverständlich aufsehenerregende Zahl, besonders vor dem Hintergrund der Kriminalstatistik des FBI höchstpersönlich, die das genaue Gegenteil zeigte. Laut der wurden nämlich 80 Prozent aller weißen Mordopfer von anderen Weißen umgebracht. Das verhinderte keinesfalls, dass sich Trumps Zahlen mit etwas Unterstützung wie ein Lauffeuer verbreiteten. Trump selbst antwortete bei Fox News Bill O'Reilly, als dieser ihn mit der Tatsache konfrontierte, dass das Verhältnis 100 Prozent Nonsens war: »Hey Bill, Bill, am I gonna check every statistic?«

ZAHLEN, DIE HÄNGEN BLEIBEN

Eine Eigenschaft der Zahlen ist, dass sie im Gehirn haften bleiben wie Sekundenkleber. Und bestimmte Zahlen setzen sich für alle Zeit im Gedächtnis fest. Wer über 30 ist, erinnert sich vermutlich noch an die Telefonnummer seines Elternhauses oder das Nummernschild seines ersten Autos. Bestimmte Zahlen segeln geradewegs ins Gehirn und werfen Anker, andere schwimmen unbemerkt vorbei. Auch in unsere tagtäglichen Entscheidungen schleichen die Zahlen sich unbemerkt ein. Sie mausern sich zum Maßstab, ob du willst oder nicht.

Wir schrieben ja gerade noch davon, wie die Zahlen, die wir zu sehen bekommen oder die wir hören, beispielsweise Todesopfer pro Jahr, unser Urteilsvermögen beeinflussen. Dazu gibt es jede Menge Beispiele. Was glaubst du, wie viel wiegt wohl eine ausgewachsene Giraffe? Falls du nicht gerade Giraffenexperte bist, und das sind nur sehr wenige, wirst du höchstwahrscheinlich wild raten müssen. Wenn wir dir einen Hinweis oder einen Anhaltspunkt geben, wirst du deine Schätzung diesem ziemlich wahrscheinlich anpassen. Wenn wir fragen, ob eine Giraffe deiner Meinung nach mehr oder weniger als 1000 Kilo wiegt und dich dann bitten, das Gewicht zu schätzen, wirst du vermutlich eine ziemlich hohe Zahl angeben. Fragen wir dagegen, ob du glaubst, dass eine Giraffe mehr oder weniger als 300 Kilo wiegt, und dich anschließend um einen groben Tipp bitten, antwortest du wahrscheinlich mit einer sehr viel niedrigeren Zahl.

Egal ob es um die Anzahl der Schussopfer in Malmö, das Risiko eines Atomkriegs, den Wert börsennotierter Unternehmen oder das Gewicht einer Giraffe geht, entwickeln wir also immer einen Drall Richtung »Anker«. Völlig egal, ob solche Anker falsch oder echt sind, bewusst oder unbewusst: Sie beeinflussen die Entscheidungen, die wir täglich treffen.

Zu den ersten, die dieses Phänomen untersuchten, gehören Amos Tversky und Daniel Kahneman (Letzterer wurde später mit dem Nobelpreis für Ökonomie ausgezeichnet). In einer ihrer Untersuchungen wurde den Teilnehmern zunächst ein Roulette-Rad gezeigt, das entweder bei 10 oder 65 stehen blieb. Anschließend wurden sie gebeten zu raten, wie viele Länder der UNO afrikanische Nationen sind. Diejenigen, bei denen das Roulette-Rad bei der 10 stehen geblieben war, nannten eher niedrige Zahlen (durchschnittlich 25 Prozent), während die Teilnehmer, bei denen die 65 gefallen war, im Durchschnitt vermuteten, dass volle 45 Prozent der Vereinten Nationen afrikanisch seien. Die Probanden wurden also unerwartet stark von einer völlig beliebigen Zahl beeinflusst, die rein gar nichts mit der relevanten Einschätzung zu tun hatte. Die Zahlen schleichen sich in unsere Köpfe und pfuschen mit unserem Urteilsvermögen herum.

Nun fragst du dich vielleicht, was in aller Welt das Ganze soll. Dass Zahlen sich auf unsere Einschätzung des Gewichts einer Giraffe oder des Anteils afrikanischer Länder in der UNO auswirken, ist wohl kaum ein unüberschaubares gesellschaftliches Problem, oder?

Nein, vielleicht nicht.

Aber stell dir mal vor, die Zahl, die sich in deinem Gehirn verankert hat, beziffert die maximale Anzahl der Zuwanderer, die dein Land bewältigen kann? Oder den Mietspiegel der nächsten zehn Jahre? Oder die Zahl der Jahre, die ein Krimineller als Gefängnisstrafe verbüßen muss? Dann wirds doch gleich ein bisschen unbequemer, oder?

Und natürlich wissen wir eine ganze Menge darüber, wie sich der Ankereffekt auch in diesen Fällen zeigt. In einigen Studien wurde dokumentiert, wie eine zu Beginn eines Gerichtsverfahrens gezeigte Zahl, ob nun in Bezug auf das empfohlene Strafmaß oder Bußgeld, systematisch sowohl Jury als auch Richter beeinflusst. Ist die Zahl niedrig, fällt auch die Anzahl der Jahre im Gefängnis oft niedriger aus. Ist die Zahl hoch, läuft der arme Angeklagte Gefahr, länger einsitzen zu müssen. Mangels anderer Informationen nutzen wir Zahlen als Anker und Orientierungswert. Und es hat sich gezeigt, dass wir uns gewaltig schwer damit tun, uns von diesem Anker zu lösen, wenn er sich einmal in unserem Gedächtnis festgesetzt hat.

Dasselbe gilt selbstverständlich auch für die Zahlen, mit denen sich Politiker konfrontiert sehen, und nicht zuletzt für die Zahlen, die die Politik uns Wählern vorsetzt. Sie bleiben kleben.

Es wurde wissenschaftlich dokumentiert, dass der Ankereffekt sich beispielsweise darauf auswirkt, wie Experten zu Wirtschaftsschätzungen, Kennzahlen und Zukunftsprognosen kommen. Professionelle Schätzungen makroökonomischer Größen – Rente, Währungskurse, erwartetes Wirtschaftswachstum – sind sowohl für politische als auch für privatwirtschaftliche Entscheidungsträger enorm wichtig. Und wenn diese Schätzungen von sowohl relevanten als auch irrelevanten Zahlen beeinflusst werden, tja, dann besteht die Gefahr, dass Politiker schlechte Entscheidungen treffen.

Gleichermaßen ist es schon auch etwas beunruhigend, dass die Zahlen, die uns die Politikerinnen und Politiker auftischen, ob nun wahr oder falsch, sich sowohl bewusst als auch unbewusst in unseren Köpfen festsetzen und unsere Einschätzungen nach oben oder unten drücken. Man denke nur an die vielen Fantasiezahlen, die Trump ins Spiel brachte, und ihre Auswirkungen auf die USA. Eine Schweizer Studie aus dem Jahr 2019 zeigte übrigens unter anderem, dass die Bereitschaft, eine hohe oder niedrige Anzahl Einwanderer zu akzeptieren, abhängig von unterschiedlichen vorgelegten Ankerzahlen systematisch variierte. Der Ankereffekt war sogar so stark, dass es nicht einmal eine Rolle spielte, welche politische Partei welche Zahl benutzte. Die Zahl wirkte sich in jedem Fall auf die Versuchsteilnehmer aus.

Einige Studien belegen, dass der Ankereffekt der Zahlen ein sehr robustes Phänomen ist, das die Ergebnisse von so gut wie allem beeinflusst, von Verhandlungen und wirtschaftlichen und politischen

Entscheidungen bis hin zu Einschätzungen von Mahatma Ghandis Alter, der durchschnittlichen Dauer von Geschlechtsverkehr oder dem Gefrierpunkt von Wodka.

Und völlig egal, ob der Anker von anderen stammt (»Der Makler hat gesagt, ähnliche Häuser kosten um die 500 000 Euro!«) oder von uns selbst (»Das Haus muss doch bestimmt um die 600 000 Euro wert sein«) – er wirkt sich auf unsere Einschätzungen aus. Wer seinen Fernseher für 1000 Euro verkaufen möchte, sollte in die Anzeige schreiben, er habe neu 2900 Euro gekostet, das klingt doch gleich viel günstiger. Wer sich 100 Euro leihen muss, sollte gleich um 500 Euro bitten – hat man erst dafür eine freundliche Absage kassiert, wirken 100 Euro hinterher verhältnismäßig bescheiden.

Wusstest du übrigens schon, dass sogar deine Persönlichkeit eine Rolle dabei spielt, in welchem Maße verankerte Zahlen deine Einschätzungen aufmischen? Nachgiebige Menschen werden mehr von Referenzzahlen beeinflusst, Extrovertierte lassen sich weniger von ihnen lenken. Trotzdem, unabhängig davon, wie wir ticken: Die Zahlen bleiben im Gehirn hängen und wirken sich weit mehr auf unsere Entscheidungen aus, als wir denken.

VON DEN ZAHLEN GETÄUSCHT

Zahlen sind konkret, exakt und klar. Das hat man uns jedenfalls gesagt. Oder wir haben es selbst gedacht.

Zahlen lügen nicht.
Sie sind ehrlich, kontrollierbar und neutral.
Eine rationale und aufgeklärte Gesellschaft stützt sich auf Zahlen, nicht auf Gefühle oder Meinungen.

Wir treffen unsere Entscheidungen anhand von Zahlen und Fakten. Immerhin leben wir in einer aufgeklärten Demokratie.

Nun ist es aber so, dass die Zahlen uns oft in die Irre führen. Und uns dazu bringen, andere in die Irre zu führen. In politischen Debatten gewinnt oft derjenige, der die entscheidende Zahl einwirft. Ende der Diskussion. Mit einer Zahl lässt sich nicht streiten. Jedenfalls nicht, wenn die Zahl von einer Stelle wie dem Statistischen Bundesamt, einer wissenschaftlichen Studie oder aus einer Bevölkerungsumfrage stammt. Da muss sie ja stimmen.

Aber stimmt das? Entscheidungsträger und Politiker (und auch du selbst) können sich von den Zahlen täuschen lassen oder einander damit täuschen, auf verschiedene Weisen. Die beiden wichtigsten wollen wir uns einmal genauer anschauen:

FALSCHE ZAHLEN

Das erste und offensichtlichste gesamtgesellschaftliche Zahlenproblem ergibt sich natürlich, wenn Zahlen nicht stimmen. Und da gibt es mehrere mehr oder weniger witzige Arten, wie Zahlen falsch oder irreführend sein können:

MENSCHEN LÜGEN

Nicht immer, und nicht immer bewusst. Aber Menschen lügen und zensieren und beschönigen die Wahrheit ein bisschen. Zum Beispiel in Meinungsumfragen. Und vielleicht besonders bei Befragungen zu heiklen Themen wie Politik und Sex. Ein Beispiel: In einer britischen Studie, die im Zeitraum 2010 bis 2012 Daten von heterosexuellen Menschen erhoben hat, gaben Männer im Durchschnitt an, dass sie mit sieben Frauen geschlafen hätten, während Frauen etwa die Hälfte nannten. Das ist völlig unmöglich. Irgendwo müssen die zusätzlichen Frauen ja herkommen.

Hier könnte man vermuten, dass die Männer und/oder Frauen die Wahrheit ein wenig beschönigt haben. Eine sieben Jahre zuvor, im Jahr 2003, durchgeführte Studie veranschaulicht dies auf elegante Weise. Darin wurden die Teilnehmer zu ihren sexuellen Gewohnheiten befragt und die Hälfte von ihnen mit einem (unechten) »Lügendetektor« verbunden. Das Ergebnis? Bei den Frauen stieg die Zahl der Sexualpartner von durchschnittlich 2,6 auf 4,4, was einem Anstieg von 70 Prozent entspricht. Viele Menschen nehmen es bei der Beantwortung von Umfragen mit der Wahrheit nicht ganz so genau. Das liegt an einem Phänomen, das in der Forschung »soziale Erwünschtheit« genannt wird – will sagen, wir tendieren dazu, Antworten zu geben, von denen wir meinen, dass andere sie wünschenswert fänden. Das tun wir sogar bei anonymen Umfragen. Bei einem weiten Themenspektrum – von politischer Orientierung, Religion und Einwanderung über Fragen zu Einkommen, Noten, Gesundheit, Drogenkonsum bis hin zu der Anwendung von Verhütungsmitteln – neigen wir dazu, »weniger wünschenswertes« Verhalten weniger anzugeben und gutes Benehmen beziehungsweise wünschenswerte Gesinnungen zu übertreiben. Kein Wunder, dass Umfrageinstitute so oft falschliegen.

DIE ZAHLEN BEINHALTEN SYSTEMATISCHE FEHLER

Viele werden sich noch daran erinnern, wie die Medien und Meinungsforschungsinstitute am Tag vor der Präsidentschaftswahl 2016 unisono Hillary Clinton zur Siegerin über Donald Trump erklärten. Ein armer Professor aus Princeton, Sam Wang, war so felsenfest davon überzeugt (»99 Prozent«), dass er ankündigte, wenn Trump gewinne, würde er ein Insekt essen. Was dann dazu führte, dass er ein paar Tage später live auf CNN eine Grille verspeiste. (Sie schmeckte übrigens »irgendwie nach Honig, ein bisschen nussig«, wie er dem Rest der Welt mitteilte.

Für falsche Wahlprognosen gibt es sehr viele verschiedene Ursachen: Umfragefehler, zu wenige Befragte, hohe Fehlertoleranzen oder schlicht falsch formulierte Fragen. Stellt man die gleiche Frage zweimal, aber eben nur *beinahe* gleich, unterscheiden sich die Ergebnisse mitunter drastisch. Anfang der 1990er-Jahre konnte beispielsweise CNN (in Zusammenarbeit mit dem Gallup-Institut) berichten, dass 55 Prozent der Amerikaner *gegen* die Bombardierung serbischer Truppen in Bosnien waren. Noch am selben Tag meldete ABC News, dass 65 Prozent *für* die Luftangriffe seien. Der einzige Unterschied in der Formulierung war, dass man bei ABC News danach gefragt hatte, ob »die USA gemeinsam mit ihren europäischen Verbündeten« bombardieren sollten, und die CNN in der Frage nur die USA erwähnt hatten. Auch die ausgesuchte Verwendung emotionsgeladener Begriffe, wie etwa »pro-life« anstatt »anti-abortion« führt zu drastisch unterschiedlichen Zahlen in Bezug auf ein und dasselbe Phänomen. Selbst eine einfache Ja-Nein-Frage kann auf zwei völlig unterschiedliche Weisen eingeordnet werden, was zu sehr unterschiedlichen Zahlen führt. Bei Entscheidungen zu Organspenden beispielsweise gibt es die Möglichkeit einer »Opt-in-Option« (»Bitte hier ankreuzen, falls Sie im Falle Ihres Todes die Spende Ihrer Organe gestatten«) oder einer »Opt-out-Option« (»Bitte hier ankreuzen, falls Sie im Falle Ihres Todes die Spende Ihrer Organe *nicht* gestatten«). Die gleiche Entscheidung, auf zweierlei Art geframt: Die Entscheidung bleibt dem Einzelnen immer noch unbenommen. Bei der Opt-out-Option sind die Zustimmungswerte allerdings häufig *doppelt so hoch*.

DIE ZAHLEN IN UNSEREN DATENBANKEN SIND FEHLERHAFT CODIERT

Außerdem können Zahlen Computer zum Durchdrehen bringen. Erinnerst du dich an Y2K, den Millennium Bug? Vor der Jahrtausendwende dämmerte es den Programmierern, dass Computer »00« nicht als 2000, sondern als 1900 interpretieren könnten, was natürlich ein klein wenig ungünstig wäre. Nicht nur für Banken (die schlimmstenfalls Zinsen für Minus 100 Jahre berechnen würden), sondern für jedes von korrekten Daten abhängige System, etwa bei Fluggesellschaften, dem Militär und Kraftwerken. Je nachdem, wen man fragt, kostete es weltweit zwischen 100 und 600 Milliarden US-Dollar, den Bug zu beheben, weshalb die 2000 möglicherweise die teuerste Zahl der Geschichte ist. Glücklicherweise ist alles relativ reibungslos über die Bühne gegangen, wenn man einmal von einem kleinen Ausfall der Strahlungskontrolle in einem Atomkraftwerk im japanischen Ishikawa absieht.

Menschen und Maschinen machen Fehler, das ist kein Geheimnis. Ungeschickte Finger und Programmierungsfehler können kleine oder große Konsequenzen nach sich ziehen und rein zufälliger Natur oder systematisch sein. Manche Menschen werden zum Beispiel mit dem falschen Einkommen, der falschen Postanschrift oder der falschen Bonität erfasst, was für die Betroffenen mitunter sehr unerfreuliche Entwicklungen nach sich zieht. In anderen Fällen sind Fehlcodierungen offensichtlicher und erstaunlicher, etwa dass zwischen 2009 und 2010 in den Gesundheitsregistern in Großbritannien 17 000 schwangere *Männer* erfasst wurden. Glücklicherweise ging irgendwann jemandem in der Abteilung ein Licht auf und die Fehlcodierung wurde korrigiert.

DIE GENAUIGKEIT DER ZAHLEN WIRD ÜBERTRIEBEN
Bei einem Großteil der Zahlen, die wir tagtäglich nutzen und mit denen Politiker und Entscheidungsträger, ganz zu schweigen von Ökonomen und Finanzanalysten, jonglieren, gibt es eine ganz erhebliche Unsicherheit. Diese Unsicherheit ergibt sich aus Messfehlern, Fehlertoleranzen und der Tatsache, dass diese Zahlen häufig *Schätzungen* darstellen, die auf unsicheren Daten basieren. Wir *wissen* nicht, wie hoch Zinsen, Immobilienpreise oder Energiekosten in Zukunft sein werden. Trotzdem gibt es Zahlen dazu, weil uns Preise, Schätzungen, Analytiker, Künstliche Intelligenz, Märkte und Terminbörsen zur Verfügung stehen. Und je mehr Ziffern und Nachkommastellen wir einer unpräzisen Zahl zuordnen, desto gesicherter und genauer scheint sie. Dass der Durchschnittszins für eine Immobilienhypothek in Großbritannien im Jahr 2027 3,15 Prozent sein wird, klingt ziemlich genau, oder? Aber überlege einmal, wie absurd es ist, eine so unsichere Vorhersage mit zwei Dezimalstellen zu versehen. Das bekommt nicht jeder mit. Angesichts derart übertrieben genauen Vorhersagen laufen wir schnell Gefahr, Entscheidungen aus einer falschen Sicherheit heraus zu treffen. Mitten in der Pandemie wurde in einer Publikation der Organisation für wirtschaftliche Zusammenarbeit und Entwicklung (OECD) eine Arbeitslosenquote »auf oder über dem während der globalen Finanzkrise beobachteten Höchststand« vorhergesagt, die »ohne eine zweite Welle bis Ende 2021 7,7 Prozent und im Falle einer zweiten Welle 8,9 Prozent erreichen könnte«. Etwa 18 Monate später lag die tatsächliche Zahl trotz mehrerer neuer Viruswellen bei etwa der Hälfte dieser Schätzung.

Die Zukunft ist sehr unsicher und entwickelt sich häufig anders, als wir es uns je vorgestellt hätten. Von den elf Vorhersagen, die der französische Illustrator Jean-Marc Côtè anlässlich der Weltausstellung in Paris 1900 traf, erwiesen sich nur drei als treffsicher. Unter den Vorhersagen, die nicht eingetroffen sind, sind etwa die, dass wir »Wale zähmen und als Transportmittel nutzen« und »Feuerwehrleute mit Fledermausflügeln herumfliegen« würden. Viele Jahre später, 1964, erklärte die RAND Corporation, man erwarte, dass Menschen im Jahr 2020 Tiere als Angestellte beschäftigen würden. Die Leute bei RAND sind alles andere als dumm – sie arbeiteten am Raumfahrtprogramm mit und später bei der Entwicklung des Internets –, aber sogar außerordentlich kluge Menschen treffen häufig zwar sehr exakte, aber dennoch falsche Vorhersagen. Besonders riskant sind Vorhersagen zu beweglichen Zielen, wie etwa der Technologie. Ein ganz hervorragendes Beispiel dafür ist dieses Zitat aus der Märzausgabe von *Popular Mechanics* aus dem Jahr 1949: »Während ein Rechner wie ENIAC [der erste Computer der Welt] heute noch mit 18 000 Vakuumröhren ausgestattet ist und 30 Tonnen wiegt, werden Computer in Zukunft möglicherweise nur noch über 1000 Vakuumröhren verfügen und noch etwa 1,5 Tonnen wiegen.«

Und genau darum geht es. Wenn etwas extrem ungewiss ist, sollten wir es vielleicht besser nicht mit einer so genauen Vorhersage oder Zahl versehen. Und das gilt für alle Zahlen und Mengen, nicht nur für Hochrechnungen. Es essen nämlich noch lange nicht 66,67 Prozent aller Skandinavier Walfleisch, bloß weil zwei von drei unserer norwegischen Freunde das tun. Je dürftiger, schlechter und verzogen die Daten sind, desto weniger genau sollte deine Vorhersage sein. Beispielsweise empfehlen nicht 80 Prozent aller Zahnärzte Colgate, obwohl das in der Werbung behauptet wurde. Später kam heraus, dass die Zahnärzte, die an der Studie teilnahmen, mehr als eine Marke aufzählen durften, weshalb die Mehrheit mehrere Marken angab.

Dass die normale Körpertemperatur 98,6 Grad Fahrenheit beträgt, klingt verdammt genau, oder? Aber wenn wir wissen, dass diese »Normaltemperatur« auf den deutschen Medizinprofessor Carl Reinhold Wunderlich zurückgeht, der behauptete, er habe die Körpertemperatur einer Million Patienten (in den Achselhöhlen) gemessen und herausgefunden, dass die Durchschnittstemperatur bei 37 Grad Celsius lag – und dann die gerundete Zahl von 37 Grad Celsius in (exakte) 98,6 Grad Fahrenheit umrechnete, kommt sie doch gleich weniger genau und zuverlässig daher. Heute wissen wir, dass die Normaltemperatur eigentlich 98,2 Grad Fahrenheit oder 36,8 Grad Celsius beträgt. Trotzdem ist es ziemlich daneben, bei einer Temperatur 37 oder 37,2 Grad zu sagen, man habe Fieber. Schon allein deswegen, weil die Temperatur bei einem Menschen in Abhängigkeit von Tageszeit und Messmethode *variiert*, und sich die »Normaltemperatur« vom einen zum anderen unterscheidet.

Auf die gleiche Weise wirken Zukunftsprognosen bezüglich Renten, Immobilienpreisen und Verbraucherpreisindex aufgrund ihrer genauen Zahlen und Dezimalstellen manchmal sehr sicher und konkret. Dabei wissen wir doch alle, dass die Ökonomen selten einer Meinung sind und sich außerdem ständig vertun.

ZAHLEN STAMMEN AUS STUDIEN MIT METHODISCHEN FEHLERN

Es gibt gute und schlechte Studien. »Bad Science« nennt man das in den USA. Selbst in seriösen wissenschaftlichen Zeitschriften schleichen sich Artikel über Untersuchungen ein, die entweder aufgrund von Nachlässigkeit und schlechter Methodik oder aufgrund von Betrug unzulänglich sind. Zum Glück werden sie in der Regel aufgedeckt und zurückgezogen. Dazu gehört zum Beispiel eine Studie des Arztes Andrew Wakefield und seines Teams in der angesehenen medizinischen Fachzeitschrift *The Lancet*, die einen Zusammenhang zwischen Autismus und dem Kombinationsimpfstoff gegen Masern, Mumps und Röteln aufzeigte. Dies stellte sich als unwahr heraus, und der Artikel wurde zurückgezogen. In Großbritannien wurde Wakefield sogar die Approbation als Arzt entzogen.

Leider haben sich die Zahlen und der Zusammenhang immer noch in den Köpfen einiger Menschen festgesetzt (vor allem bei Impfgegnern), und das Ergebnis ist von einer Art Aura der Wahrheit umgeben. Kein Rauch ohne Feuer, oder? Und da ist anscheinend auch nicht weiter von Belang, dass 2019 in einer umfangreichen Studie mit 650 000 Kindern ein Zusammenhang zwischen dem MMR-Impfstoff und Autismus eindeutig widerlegt wurde.

Vor bald 20 Jahren war ich in der Prärie von Illinois auf einem richtig schönen Gartenfest zu Ehren eines Fakultätsmitglieds, das gerade einen Lehrstuhl an der dortigen Universität erhalten hatte. Ich war damals ein noch recht junger und unerfahrener Forschungsstudent und habe ihn als einen sehr ehrgeizigen und selbstbewussten Mann in Erinnerung. Er beschäftigte sich intensiv mit dem Thema Ernährung und wurde unter anderem durch Studien über Portions- und Tellergrößen bekannt. Später erhielt er in den USA wichtige öffentliche Aufträge im Bereich Ernährung und wurde regelmäßig in der New York Times und anderswo zitiert.

Das Problem war nur, dass viele der Zahlen, auf denen seine Studien beruhten, nicht stimmten. Genauer gesagt, zwang er seine Daten sozusagen zur Mitarbeit – das nennt man p-Hacking. In einer später an die Presse durchgesickerten E-Mail an einen Forschungsassistenten schrieb er als Reaktion darauf, dass der Assistent in einer gemeinsam durchgeführten Studie keine interessanten Ergebnisse gefunden hatte: »Ich glaube, bei keiner Studie haben sich mir die Daten gleich beim ersten Versuch ›gezeigt‹. Überlege dir lieber, wie man die Daten untergliedern und aufschlüsseln kann, analysiere diese Päckchen und schau, ob du etwas herausfindest.« Der Professor unterstützte somit ganz herkömmliche Forschungsschummelei, bei der man quasi mit der Lupe nach zufälligen Beziehungen sucht, die man später als etwas Neues und Interessantes präsentieren kann. Wer lange genug nach Zahlen zur Bestätigung seiner Theorie sucht, wird sie irgendwann finden. Ist nur ein bisschen ungünstig, wenn sich viele Einzelpersonen, Organisationen und Behörden bei ihren Richtlinien und Entscheidungen auf solche geschönten Studien und Zahlen verlassen.

Helge

Diese kleine Anekdote bringt uns geradewegs zur zweiten Hauptursache dafür, warum wir uns von Zahlen täuschen lassen – weil sie nämlich häufig fehlinterpretiert werden.

DIE ZAHLEN WERDEN FALSCH INTERPRETIERT

Manchmal ist es nämlich so, dass die Zahlen an sich durchaus stimmen, aber falsch interpretiert werden, sodass falsche Schlussfolgerungen dabei herauskommen, aufgrund derer völlig absurde Entscheidungen getroffen werden. Das mag daher kommen, dass man Muster und Zusammenhänge sieht, die man sehen *möchte*, oder daher, dass man die Zahlen und ihre Herkunft schlichtweg fehlinterpretiert. Und wenn man gleich doppelt in die Falle tappt, knallt's richtig.

Schauen wir uns zuerst den zweiten Punkt an, also, dass man einen Zusammenhang zwischen zwei Zahlen oder zwei Größen als Beziehung von Ursache und Wirkung fehlinterpretiert. Diese Verwechslung von Korrelation und Kausalität ist das Steckenpferd vieler Akademiker, und bei Partys nach irgendwelchen Veranstaltungen werden zu später Stunde gerne die witzigsten Beispiele hervorgekramt. Ein relativ neuer Beitrag in der Facebook-Gruppe »Freunde der norwegischen Landwirtschaft« illustriert das sehr schön. Der Beitrag lautet: »Ständig heißt es, so viel Fleisch zu essen wie wir Norweger sei ungesund. Das beigefügte Bild [im Beitrag] belegt, dass die Lebenserwartung immer höher wird, während gleichzeitig der Fleischkonsum steigt.«

Lass dir das mal eine Weile durch den Kopf gehen, solange wir uns ein paar andere Beispiele anschauen.

1999 berichtete die CNN, dass Kinder, die bei angeschaltetem Licht schlafen, später häufiger eine Kurzsichtigkeit entwickeln. Der Bericht stützte sich auf eine Studie der renommierten Zeitschrift Nature, und die zugrunde liegenden Zahlen sprachen eine deutliche Sprache: Schlafen bei Licht verursacht Kurzsichtigkeit. Nach einer Weile jedoch beschäftigten sich andere Forschende tiefgehender mit der Angelegenheit und entdeckten eine starke Verbindung zwischen der Kurzsichtigkeit bei Eltern und der Entwicklung kindlicher Kurzsichtigkeit, und beobachteten, dass kurzsichtige Eltern abends im Kinderzimmer häufiger das Licht anließen. Verstehst du? Die Kurzsichtigkeit der Eltern ist der Grund für die kindliche Kurzsichtigkeit und das angelassene Licht. So merkte dann auch ein Mitglied des Forschungsteams trocken an: »Wir vermuten, dass die Eltern das Licht lieber anlassen, weil sie selbst schlechter sehen.« Vielleicht ist die Genetik doch ein wichtigerer Einflusswert als ein Nachtlicht.

Zu manchen Themen, zu denen die Meinungen bezüglich der Kausalität hochkochen, lassen sich leicht stützende Korrelationen finden. Jahrzehntelang verließ sich die Tabakindustrie etwa auf Korrelationsdaten, um eine Verbindung zwischen Tabak und Krebs abzustreiten. Und Webseiten von Impfgegnern und Verschwörungstheoretikern finden überwältigende Beweise für Behauptungen wie die, dass Impfungen Fehlgeburten verursachen. Dabei übersehen sie jedoch gern die Tatsache, dass ganz normale Dinge normalerweise nebeneinander vorkommen. Nimmt man einerseits die hohe Zahl schwangerer Frauen, die geimpft werden, und andererseits die allgemein recht hohe Zahl spontaner Fehlgeburten, kann man erwarten, dass auch eine recht hohe Zahl Frauen allein durch Zufall innerhalb von 24 Stunden nach einer Impfung eine Fehlgeburt erleidet. Und falls Sie noch zweifeln, belegen überaus belastbare wissenschaftliche Studien, dass Impfungen während einer Schwangerschaft völlig sicher sind.

Na, schon über den Facebook-Post zum Thema Lebenserwartung und Fleischkonsum nachgedacht? Fallen dir neben dem Fleischkonsum und der Lebenserwartung noch andere Zahlen ein, die von 1950 bis 2020 gestiegen sind? Wäre es nicht eine theoretische und logische Möglichkeit, dass der Fleischkonsum negative gesundheitliche Folgen haben *könnte*, obwohl gleichzeitig die durchschnittliche Lebenserwartung gestiegen ist?

Über den Unterschied zwischen Korrelation und Kausalität kann man leicht Witze machen. So gibt es zum Beispiel eine starke Korrelation zwischen dem Käsekonsum in den USA und der Zahl der Menschen, die sterben, weil sie sich in ihrem Bettzeug verheddert haben. Gibt es also auch einen kausalen Zusammenhang zwischen den beiden Zahlen? Wohl kaum.

Doch wenn zwei Zahlen logisch miteinander verflochten sind und kovariieren, passiert es selbst routinierten Wissenschaftlern in anderen Zusammenhängen schnell, dass sie in die Falle tappen und

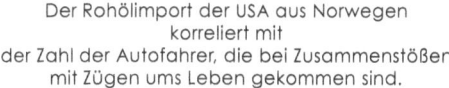

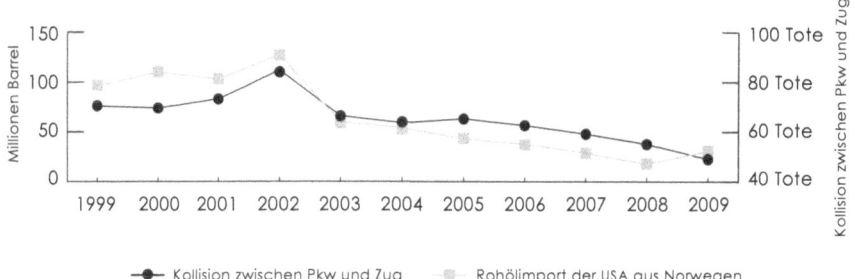

Quelle: Tyler Vigen

einen nicht unbedingt vorhandenen ursächlichen Zusammenhang vermuten. Das kommt jeden Tag vor, wenn in Unternehmen, Organisationen, Debatten von Parteivorsitzenden und am Essenstisch in Tausenden Familien die unterschiedlichsten Themen diskutiert werden. Themen wie Abtreibung, Impfungen, Wirtschaft, Subventionen und Fleischkonsum.

Außerdem lesen wir die Zahlen oft entsprechend unserer eigenen Werte und politischen Ansichten. Manchmal lesen wir die Zahlen wie der Teufel die Bibel. Da wundert es nicht, dass wir uns oft *wünschen*, die Zahlen würden etwas anderes aussagen, als sie es in Wirklichkeit tun. Psychologen sprechen oftmals von zwei miteinander verbundenen Phänomenen, die manchmal auch als »Bestätigungsfehler« (»Confirmation Bias«) und »Motiviertes Schlussfolgern« (»Motivated Reasoning«) bezeichnet werden: Wir suchen zunehmend nach Zahlen und Erkenntnissen, die unsere eigene Sichtweise bestätigen, und messen ihnen sogar mehr Gewicht bei. Wer Wein mag, schenkt Forschungsergebnissen, aus denen hervorgeht, dass Wein gut für ihn ist, mehr Aufmerksamkeit als solchen, die besagen, dass Wein ungesund sein soll. Artikel über eine womöglich krebserzeugende Wirkung will man dagegen erst gar nicht anklicken.

Sogar »Zahlen-Nerds« tappen in die Bestätigungsfalle, aber vielleicht auf eine andere Weise, als man zunächst annehmen würde. Im Rahmen einer Studie wurde 2017 festgestellt, dass Menschen mit guten Mathekenntnissen ihre Fähigkeiten eher nutzen, um Zahlen und Probleme zu interpretieren, die mit ihrer eigenen Weltanschauung *in Konflikt stehen*. Erscheint dir das widersprüchlich? Auf die Zahlen, die ihre eigene Sichtweise bestätigen, verwendeten sie viel weniger Energie, sie wurden unkritisch akzeptiert. So nutzten die Zahlennerds ihre analytischen Fähigkeiten weitaus mehr, um die Zahlen ihrer »Gegner« auseinanderzunehmen, anstatt die ihre eigene Position unterstützenden Zahlen kritisch zu bewerten. Auch das spricht für die These, dass Menschen selektiv denken und in die Bestätigungsfalle tappen.

Was ist mit Politikern, Wirtschaftsführern und deinem Chef? Glaubst du, dass auch sie manchmal in die Bestätigungsfalle tappen? Dass sie selektiv Zahlen auswählen, die ihre Meinung untermauern? Oder manchmal auf Basis der gleichen Zahlen ganz andere Schlussfolgerungen ziehen als andere? Oder eine Beziehung zwischen Ursache und Wirkung unterstellen, obwohl es streng genommen nur eine Korrelation gibt? Oder sich manchmal auf einfach falsche Zahlen verlassen?

Genau. Wenn sie Menschen sind, tun sie das. Gleichzeitig werden immer mehr Entscheidungen in Betrieben und Organisationen auf der Grundlage von Zahlen und neuen Messmethoden getroffen.

Schauen wir uns also etwas genauer an, wie wir uns in der Gesellschaft gegenseitig messen und quantifizieren.

ZAHLENMARATHON

Wir befinden uns im Jahre 1924 in der Stadt Cicero in Illinois, USA. Die Arbeiter der Western Electric Company sind auf dem Weg zur Hawthorne-Fabrik, wo sie an ihrem Arbeitsplatz nicht nur ihrer normalen Tätigkeit nachgehen, sondern an einer umstrittenen Produktivitätsstudie teilnehmen sollen, die beinahe acht Jahre dauern wird. Es soll untersucht werden, wie sich Veränderungen in der Arbeitsumgebung auf die Produktivität der Arbeiter auswirken. Forscher beginnen, die Arbeitsumgebung in kontrollierten Experimenten systematisch zu variieren. Sie beginnen mit einer Veränderung der Lichtverhältnisse in den Produktionshallen. Ein Teil der Angestellten wird eine Zeit lang einer anderen Helligkeit ausgesetzt, andere nicht. Hinterher messen die Forscher die Produktivität. Und es zeigt sich, dass diejenigen, die bei veränderter Helligkeit arbeiten, produktiver sind (übrigens egal, *wie* das Licht verändert wurde). Und damit nicht genug – sogar in der Kontrollgruppe verbessert sich die Produktivität! Dabei waren die Lichtverhältnisse die ganze Zeit über gleich. Das Erstaunliche an diesen jahrelangen Untersuchungen im Hawthorne-Werk ist, dass sich die Produktivität sowohl in der Versuchs- *als auch* in der Kontrollgruppe verändert, und zwar egal, an welcher Variabel die Wissenschaftler drehen.

In frühen Fachbüchern über Psychologie und Organisationsverhalten wurde diese Versuchsreihe »The Illumination Studies« genannt, das Phänomen wurde später als »Hawthorne-Effekt« bekannt. Es beschreibt die Tatsache, dass man unter Beobachtung sein Verhalten verändert. Und schon seit den 1930er-Jahren haben Wissenschaftler über die Ursache dieses Ergebnisses diskutiert, über die angewandte Methode und ob es überhaupt einen »Hawthorne-Effekt« gibt. Heute sind sich die meisten Forscher zumindest über Folgendes einig: Wenn Menschen beobachtet oder bewertet werden, kann sich das auf alles Mögliche auswirken, vom geleisteten Einsatz über die (kurzfristige) Leistung bis hin zu Präferenzen und Prioritäten.

Messungen und Zahlen haben sich seit damals in alle Bereiche des Arbeitslebens hineingeschmuggelt, egal ob bei Privatunternehmen, im Militär, Freiwilligenorganisationen oder Behörden und öffentlichen Einrichtungen wie Schule, Polizei und Gesundheitswesen. Und aufgrund der technischen Entwicklung sind noch mehr Zahlen und mehr Messungen dazugekommen. Inzwischen haben wir uns so sehr daran gewöhnt, dass es uns gar nicht mehr auffällt.

Und dass wir so verzaubert sind von den Zahlen, so verliebt in unsere Messerei, macht das Ganze nicht besser.

> Ich erinnere mich noch gut daran, wie in meiner Kindheit Digitaluhren auf einmal der heißeste Scheiß waren. Sie zeigten nicht nur die Zeit an, sondern konnten auch verschiedene Nationalhymnen abspielen. Keine Ahnung, wozu das gut sein sollte, aber wir fanden das einfach hammermäßig. Noch hammermäßiger waren allerdings die neuen Stoppuhr-Funktionen, mit denen man Hundertstelsekunden und Rundenzeiten messen konnte. Und was haben wir nicht alles gestoppt! Wie lange mussten wir in der Mensa Schlange stehen? Wie lange dauerte es, ein Fleischklößchen zu essen? (In der Schule bekam jeder nur höchstens zehn Stück.) Oder einen Karottenstick? (Auch hier nahmen wir zehn Stück, um die Rundenergebnisse vergleichen zu können, und im Gegensatz zu den Fleischklößchen stieg bei den Karotten die Zeit pro Runde dann doch erheblich an.) Wie lange dauerte ein Blinzeln? (Dafür brauchten wir ziemlich viele Anläufe, aber ich erinnere mich bis heute, dass es im Schnitt 19 Hundertstelsekunden waren.)
>
> Micael

Dass wir in der Lage sind, das meiste zu messen, heißt noch lange nicht, dass wir das auch tun sollten – oder dass wir immer unbedingt das Richtige messen. Außerdem hat das Messen an sich schon häufig Folgen. Eine etwas dystopische, aber sehr unterhaltsame Darstellung, was alles schiefgehen kann, wenn im öffentlichen Dienst Messungen eingeführt werden, finden wir in der HBO-Serie *The Wire*. Darin begegnen wir Polizisten, die dermaßen darauf aus sind, ihre quantitativen Ziele zu erreichen, dass Effizienz und Moral auf der Strecke bleiben. Im echten Leben berichten Lehrkräfte, die sich nur noch auf zentrale Prüfungen und Auswertungen konzentrieren sollen, dass das Lernen in jeder anderen Hinsicht für die Schülerinnen und Schüler verdorben wird. Und wir begegnen Politikern, die der Polizei so dermaßen unrealistische Vorgaben machen, dass diese nur erreicht werden können, indem man echte Verbrechen ignoriert, komplizierte Fälle begräbt und nur noch einfachen Bagatellen nachgeht.

Wie zielgerichtet und effektiv Messungen im Allgemeinen sind, haben wir uns ja schon ein wenig angeschaut. Wir haben gesehen, wie die extrinsische Motivation die eigene, intrinsische Motivation verdrängen kann und wir letztendlich Gefahr laufen zu verabscheuen, woran wir ursprünglich Freude hatten. Wir haben gesehen, wie Auswertungen und Leistungsboni am Arbeitsplatz ihrer eigentlichen Zielsetzung querschießen können. Und wir haben festgestellt, dass sich beim Messen und Quantifizieren unbeabsichtigte Nebenwirkungen einstellen, etwa dass wir anfangen zu schummeln, egoistischer werden und letztendlich unser Verhalten dem anpassen, was da eigentlich gemessen wird. Das trifft nicht zuletzt auf Angestellte und Organisationen zu.

KRANKENWAGEN UND PARKWÄCHTER

Ob betriebswirtschaftliche Kennzahlen, Reaktionszeiten, Kundenzufriedenheit oder eine niedrige Fehlerquote: Angestellte passen ihre Bemühungen oft den Zahlen an, bei denen sich der Einsatz am ehesten »lohnt«. Unternehmen und Organisationen machen es ähnlich. An Universitäten und Hochschulen wird die höchste Priorität den beliebtesten Kursen und den wissenschaftlichen Zeitschriften beigemessen, die am meisten Punkte bringen, und die Strategie im Hinblick auf Messparameter internationaler Rankings und Akkreditierungen etwas justiert, denn die Finanzierung aus öffentlicher Hand ist wiederum an Zertifizierungen und Bewertungen gekoppelt. Sogar in Krankenhäusern werden Patienten, Operationen und Maßnahmen nach ihrem jeweiligen Wert im Punktesystem priorisiert.

Dachtest du, Krankenhäuser ließen sich von der Messdiktatur nicht beeinflussen? Doch, durchaus. In England fing man sogar an, Patienten länger im Krankenwagen zu lassen, um sich an ein neues Belohnungssystem anzupassen. Wurden Patienten nämlich nicht binnen vier Stunden nach Einlieferung im Krankenhaus behandelt, wurden die Kliniken wirtschaftlich bestraft. Das Ergebnis? Es bildeten sich lange Schlangen aus Krankenwagen, die vor den Ambulanzen warten mussten, bis man sich im Krankenhaus sicher war, die Patienten innerhalb des Vier-Stunden-Fensters behandeln zu können. Und in den USA gab es sogar Fälle, in denen Patienten 31 Tage lang künstlich am Leben gehalten wurden, weil die Kliniken nur für Patienten bezahlt wurden, die nach einer Operation mindestens 30 Tage überlebten. Nett, oder?

> Verglichen mit dem Patientenbeispiel wirkt meine eigene Geschichte sehr harmlos. Als Teenager hatte ich mal einen Sommer lang einen Ferienjob in einem Schnellrestaurant (in

welchem, verrate ich vielleicht lieber nicht). Dort hatte man sich zum Ziel gesetzt, nachhaltiger zu werden und den Abfall zu reduzieren. Deshalb mussten wir jedes Mal aufschreiben, wenn wir etwas wegwarfen (zum Beispiel Pommes frites, die zu lange in der Fritteuse gewesen oder Hamburger, die nicht gut geraten waren). Es war mitten im Sommer, und anscheinend herrschte Personalmangel, denn ein paar Wochen lang hatte doch tatsächlich ich das Sagen. Da hatte ich gerade erst angefangen, mich zu rasieren, und fühlte schon einen ordentlichen Druck, schöne, niedrige Zahlen zu produzieren. Meine Lösung? Ich habe die alten Pommes und die misslungenen Burger einfach aufgegessen, alles, und nichts weggeworfen. Immer ordentlich rein damit. Gut, dass ich nur ein paar Wochen lang die Verantwortung tragen musste ...

Micael

Man sollte meinen, die Aufgabe von kommunalen Parkplatzbetreibern und Ordnungshütern sei es, für einen sicheren, umweltfreundlichen Verkehrsfluss zu sorgen, und Falschparken und Missverständnisse im Zusammenhang mit dem Parken zu vermeiden. Stattdessen wurde der Fokus auf das Einzige gerichtet, das leicht zu messen ist: die Anzahl der Strafzettel. Je mehr Bußgelder, desto besser für das Ordnungsamt.

Fangt mir bloß nicht damit an. Vor vielen Jahren bekam ich ein Knöllchen, weil ich 4,5 Meter von einer Kreuzung entfernt geparkt hatte. Der Strafzettel wurde kurz nach Mitternacht ausgestellt, und es war mitten im Winter. Beschwerden zu schreiben ist ein gutes Mittel zur Selbsttherapie, also habe ich das getan. Die Beschwerde wurde natürlich nicht akzeptiert. Schließlich kam ich mit einer freundlichen Mitarbeiterin in der Kundenbetreuung in Kontakt, die mir sagte, die Grenze liege zwar bei fünf Metern, es sei aber wahrscheinlich doch recht schwierig, genau zu sehen, wo die Kurve anfängt, weil es draußen sehr dunkel war. Schließlich habe der arme Ordnungshüter mitten in der Nacht arbeiten müssen. Im Laufe des Gesprächs erzählte sie auch, dass sie mit dem Budget etwas im Rückstand waren und deshalb eine kleine Strafzettel-Offensive gestartet hatten. Sie riet mir, im Dezember beim Parken immer ganz besonders vorsichtig zu sein.

Helge

MESSEN, ZÄHLEN, INTERPRETIEREN, VERBESSERN

»Was man nicht messen kann, kann man nicht steuern«, lautet ein berühmtes Zitat des Managementgurus Peter Drucker.

Eine Herausforderung im Zusammenhang mit Zahlen in Unternehmen und anderen Organisationen ist jedoch, dass am liebsten das gemessen wird und in den Fokus gerät, was man am leichtesten quantifizieren kann. Und ein Großteil der Kritik an den Reformwellen in der öffentlichen Verwaltung (auch »New Public Management« genannt), bei denen öffentliche Einrichtungen zunehmend wie Wirtschaftsunternehmen geführt, quantifiziert und bewertet werden, lautet, dass öffentliche Einrichtungen eben keine Wirtschaftsunternehmen *sind*. Der öffentliche Sektor ist komplex, viele Gesichtspunkte und viele Interessengruppen müssen berücksichtigt werden, und durch die Konzentration auf eine Zahl werden aus einem für den Gesamtapparat wichtigen Bereich oft Ressourcen und Fachwissen abgezogen.

Einer Unternehmenskultur der Zahlen und Messungen liegen drei mehr oder weniger unausgesprochene Annahmen zugrunde. Erstens, dass es möglich und oft notwendig ist, erfahrungsbasierte und subjektive Urteile durch standardisierte Zahlen und Regeln zu ersetzen. Zweitens, dass Zahlen eine Vorhersehbarkeit und Transparenz schaffen, mit der die Organisation ihr Ziel besser erreichen kann. Und drittens, dass man Mitarbeiter am besten durch leistungsbezogene Belohnungen und Bestrafungen in Form von Geld oder Ansehen motiviert und führt.

Vor dem Hintergrund der Schwierigkeiten, die wir in diesem Buch im Zusammenhang mit sowohl menschlichen Schwächen als auch den Unwägbarkeiten der Zahlen betrachtet haben, ist es nicht unbedingt selbstverständlich, dass diese Annahmen immer zutreffen. Allzu leicht pfuschen uns die Zahlen ins Handwerk. Auch in Organisationen und Institutionen sorgen sie mitunter für gehörigen Wirbel, sowohl aufgrund der Art und Weise, wie sie ermittelt und ausgewertet werden, als auch aufgrund dessen, wie sie für wichtige Entscheidungen herangezogen und interpretiert werden.

Wenn wir allerdings nicht ums Messen und Zählen herumkommen, warum nicht etwas messen, das Spaß macht und motiviert? Da wäre zum Beispiel eine so langweilige Zahl wie das Bruttoinlandsprodukt (BIP), mit dem die meisten Länder Entwicklung und Erfolg darstellen. Was, wenn wir von etwas ganz anderem ausgingen? Was, wenn wir etwas so Ungewöhnliches wie das Bruttonationalglück (BNG) messen würden, wie es das junge Gebirgsland Bhutan getan hat? Anstelle des Bruttoinlandsprodukts (BIP) hat es sich für das Bruttonationalglück als Maß für die Lage der Nation entschieden. Ziemlich tolle Idee, oder?

Bloß ... haben das wir schon gemacht. Im Laufe der Zeit wurde regelmäßig versucht, das Glück der Menschen zu bemessen. Und was kam dabei heraus? Jedes Mal, wenn die Menschen danach gefragt wurden, wurden sie etwas unglücklicher. Mit jeder Messung ein bisschen weniger glücklich. So ein Mist aber auch.

So richtig im Griff haben wir die Sache mit den Zahlen und dem Messen als Gesellschaft also noch nicht. Deshalb ist auch in diesem Kapitel ein kleiner Zahlenimpftipp absolut angebracht. Los gehts:

1. Sei kritisch gegenüber Zahlen. Sie können sowohl fehlerhaft als auch falsch interpretiert sein.

2. Achte auf den sogenannten Ankereffekt. Zahlen, die sich in unserem Kopf festgesetzt haben und unsere Entscheidungen beeinflussen, bescheren anderen längere Gefängnisstrafen und teurere Häuser.

3. Denk an »motiviertes Schlussfolgern« und Bestätigungsfehler. Jeder übersetzt Zahlen und Zusammenhänge subjektiv, entsprechend den jeweiligen Standpunkten, Werten und Zielsetzungen.

4. Zahlen führen zu Vergleichen und Wettbewerb. Überleg dir gut, in welchen Lebens- und Arbeitsbereichen du dich mit anderen messen und mit wem oder was du dich vergleichen möchtest.

5. Pass auf, wo du im Dezember dein Auto parkst.

Jetzt, wo wir so weit gekommen sind, muss die letzte große Frage lauten: Müssen wir wirklich alles um uns herum messen und quantifizieren, oder ist es an der Zeit, die Welt wieder ein wenig mystischer, unantastbarer und subjektiver zu gestalten?

10

ZAHLEN
UND DU

10

Jesus wurde nicht im Jahre 0 geboren. Vielmehr fiel sein Geburtstag ins Jahr 3761, weil die Zeit nach dem hebräischen Kalender berechnet wurde. Genau genommen blieb 3761 sein Geburtsjahr, bis 500 Jahre später der Mönch Dionysius Exiguus beschloss, ausgehend von Jesu Geburt neue Jahreszahlen zu erfinden. Doch nicht einmal dann wurde das Jahr 0 zu Jesu Geburtsjahr, denn die 0 war noch nicht erfunden worden (oder doch, ja, manche Historiker meinen, die erste 0 habe schon drei Jahre vor Christus in Mesopotamien das Licht der Welt erblickt, und dann sieben Jahre später bei den Maya noch einmal, aber nach Westeuropa kam sie erst im 12. Jahrhundert). Tatsache ist, dass es das Jahr 0 in unserer Zeitrechnung bis heute nicht gibt. Vielmehr machen wir von −1 (ein Jahr v. Chr., »vor Christus«) einen Sprung zu 1 (ein Jahr n. Chr., »nach Christus«). Jesus wurde also ein Jahr nach Christus geboren!

Du fragst dich, was das mit dir zu tun hat? Wir wollen damit zeigen, dass die Zahlen, die wir zur Zeitrechnung einsetzen, also einer der grundlegendsten Aspekte unserer menschlichen Existenz, frei erfunden sind. Du und Jesus habt gemeinsam, dass sich jemand Zahlen für eure Existenz ausgedacht hat. Er wurde erst im Jahr 3761 und dann im Jahr 1 geboren, du vermutlich irgendwann im späten 20. oder frühen 21. Jahrhundert. Und wer weiß, in 500 Jahren denkt sich vielleicht jemand ganz neue Zahlen für dein Geburtsjahr aus.

Und das gilt für alle Zahlen, die wir benutzen. Die Zahlen, die unsere Körper, Selbstbilder, Leistungen, Beziehungen und Erfahrungen beeinflussen, sind *ausgedacht*. Sie sind Währungen, Messlatten und Wahrheiten, die wir erfunden haben. Manche hast du vielleicht selbst erfunden, die meisten stammen von anderen Menschen oder Maschinen. Völlig egal, ausgedacht sind sie doch.

Wir empfehlen dringend, sich das gelegentlich vor Augen zu führen. Wir haben dieses Buch mit urkomischen und teilweise ziemlich gruseligen Beispielen dafür gefüllt, wie sich die Zahlen auf uns auswirken, oft ohne dass wir uns dessen bewusst sind. Weil wir die Zahlen für gegeben halten und nicht hinterfragen, glauben wir, wir *sind* unsere Zahlen. Doch wie alles Ausgedachte stimmen die Zahlen nicht ganz mit der Wirklichkeit überein. Da gibt es eine Menge Grenzen.

ZAHLEN SIND NICHT EWIG

Zu allererst: *Zahlen sind nicht ewig.* Sie können sich jederzeit ändern. Während es die Zeit seit Anbeginn der Ewigkeit gibt (oder zumindest seit den grob 14 Milliarden Jahren, die das Universum unseres Wissens nach existiert), wurden die Zahlen der Zeitrechnung mehrfach geändert. Zusammengenommen über 4000 Jahre wurden auf etwa 500 Jahre eingedampft, als Dionysius den Reset-Knopf drückte und eine neue Zeitrechnung erfand. Und heute, 1500 Jahre später, haben wir die Zeit auf Milliarden Jahre hochgepusht, nachdem Astronomen Mittel und Wege gefunden haben, um das Alter des Universums zu bestimmen (das es schon bedeutend länger gibt als die paar Jahre, die seit Jesu Geburt vergangen sind). Und womöglich gibt es bald schon wieder neue Zahlen für die Zeitrechnung. Beispielsweise ist der

Nobelpreisträger für Physik 2020, Roger Penrose, der Meinung, es muss *vor* unserem Universum ein anderes gegeben haben. Das würde dann wohl noch ein paar Milliarden Jährchen auf die Zeitzahl aufschlagen (und schwupps, kommt einem der Unterschied zwischen 3761 und Jahr 1 n. Chr. vernachlässigbar vor ...). Gelinde gesagt wirken diese Veränderungen an der Zeit recht einschneidend, aber eigentlich sind sie das nicht. All die vielen Jahre hat es ja gegeben, ständig sind neue dazugekommen. Wir haben lediglich neue Zahlen dafür erfunden.

Außerdem haben wir die »Jahreszahlen« mit neuen Inhalten gefüllt. Beispielsweise dauerte das Jahr früher nur zehn Monate (deshalb heißt der letzte Monat des Jahres Dez – zehn – ember), bis die Römer noch einmal zwei Monate hinzufügten, um die Zählerei dem Lauf der Sonne anzupassen. Und in Norwegen und Schweden war jedes Jahr einen Tag zu lang, bis wir im 18. Jahrhundert vom julianischen Kalender mit einem jährlichen Schalttag (der nie zum Lauf der Sonne passte) zum gregorianischen Kalender wechselten, in dem lediglich alle vier Jahre ein Schalttag eingeschoben wird. Um wieder mit den anderen Teilen der Welt, die schon lange vorher den Kalender gewechselt hatten, in Einklang zu kommen, wurde im Jahr des Kalenderwechsels der Monat Februar auf 17 Tage verkürzt.

Es gibt noch viele weitere Beispiele dafür, dass Zahlen nicht ewig sind. Schau dir nur die Sportwelt an. Würdest du im Internet nach einem Video aus den letzten Jahren suchen, wo jemand beim Turnen oder Eiskunstlauf bei irgendeiner Meisterschaft eine Zehnerserie geschafft hat, würdest du dich vielleicht fragen, ob es sich um eine Animation handelt, weil es schier unglaublich scheint, dass jemand zu einer solchen Leistung in der Lage ist. Wenn du dir dann eine Schwarz-Weiß-Aufnahme von einer Zehn-Punkte-Serie bei den Olympischen Spielen oder einer Weltmeisterschaft aus der ersten Hälfte des 20. Jahrhunderts anschaust, ertappst du dich womöglich bei dem Gedanken: »Na, mit ein bisschen Training schaffe ich das auch.« Was natürlich nicht so wäre, denn schon damals war das brutal schwer. Es geht vielmehr darum, dass es heutzutage noch brutal viel schwerer ist. Eine 10 von damals mit einer heutigen 10 zu vergleichen heißt, Äpfel mit Birnen zu vergleichen, oder vielleicht Zählstöcke mit Computern, die ja im Grunde dieselbe Funktion haben, sich aber in Sachen Leistung doch so sehr voneinander unterscheiden, dass ein Vergleich gar nicht infrage kommt.

Apropos Leistung: Klar ist es super, dass Schweden bei der Fußballweltmeisterschaft 1958 die Silbermedaille gewann, aber bei 16 teilnehmenden Mannschaften den zweiten Platz zu erreichen, ist wohl nicht so ganz dasselbe, wie heute Zweiter zu werden, wo 32 Mannschaften teilnehmen (oder in zukünftigen Meisterschaften, bei denen Überlegungen zufolge vielleicht sogar 48 Mannschaften teilnehmen werden). Und vom Tennis wollen wir gar nicht erst anfangen, bei dem die Algorithmen, die die Spieler auf der Weltrangliste einsortieren, in den letzten 25 Jahren fünfmal verändert wurden (im Hinblick auf die Zeiträume, auf die zu berücksichtigenden Turniere und die Gewichtung der Spiele), sodass es schlichtweg unmöglich ist, die Platzierungen im Lauf der Zeit zu vergleichen.

Auch die Zahlen, die du selbst vergibst, sind nicht ewig. Nehmen wir zum Beispiel deine Erfahrungen, du furchtbar knausriger Kritiker, du. Die 5, mit der du den Film oder das Essen vor einigen Jahren bewertet hast, würde heute wohl eher einer 4 entsprechen, oder im schlimmsten (miesepetrigsten) Falle nur einer 3, oder? Eine Fünf-Sterne-Erfahrung bedeutet heute vermutlich etwas ganz anderes für dich.

ZAHLEN SIND NICHT UNIVERSELL

Der nächste Punkt, an den du dich erinnern solltest: *Zahlen sind nicht universell*. Lass uns wieder die Zeit als Beispiel heranziehen. Die Zeitrechnung ist nicht für alle in den 2020er-Jahren. Der hebräische Kalender rattert munter weiter und ist bereits im Jahr 5780 angekommen. Der muslimische Kalender dagegen ist mitten in den 1440er-Jahren, während der nordkoreanische Kalender weit hinterherhinkt. Dort hat man gerade erst mit der Zeitrechnung begonnen und ist gerade mal bis zu den 110er-Jahren gekommen (weil die Zeit aus ihrer Sicht damit beginnt, dass Kim Il Sung geboren wurde, was uns anderen völlig entgangen ist). Und das Jahr, in dem der Februar in Norwegen und Schweden elf Tage kürzer war, um dem Kalenderwechsel gerecht zu werden, war auch nicht dasselbe: In Norwegen war es 1700 (in diesem Jahr dauerte der Monat Februar also in Norwegen 17 Tage und in Schweden 28) und in Schweden 1753 (was bedeutete, dass der Monat Februar in diesem Jahr in Norwegen 28 beziehungsweise in Schweden 17 Tage dauerte). Obwohl wir immer auf demselben Planeten im selben Universum gelebt haben, verwenden wir für dieselbe Zeit doch völlig unterschiedliche Zahlen.

Ein weiteres Beispiel dafür, dass Zahlen nicht universell sind, sind die verschiedenen Währungseinheiten für Geld. Wenn man die Zeitschrift *The Economist* kauft, ist das nicht an allen Orten auf der Welt gleich. In den USA würdest du wahrscheinlich bereit sein, mehr dafür zu bezahlen als in Norwegen oder Schweden, weil der Dollar einen niedrigeren Wert hat als die Kronen. Auch wenn du genau den gleichen Betrag von deinem Konto abhebst, tut es weniger weh, 6 Dollar zu bezahlen als 50 Kronen, weil wir vergessen, dass Zahlen nicht universell sind, und die Zahl 6 unwillkürlich für kleiner halten als die Zahl 50. Wenn Geld (das doch genau genommen überall gleich ist, man wird nicht ärmer oder reicher, nur weil man über die Grenze in ein anderes Land geht) in unseren Köpfen auf Zahlen reduziert wird, die wir für universell halten, die sich aber von Land zu Land unterscheiden, bezeichnet man das in der Wissenschaft als den »Denominationseffekt«. Wir geben also dort mehr aus, wo die Geldwerte niedrig sind, und dort weniger, wo sie hoch sind (auch wenn wir in beiden Fällen gleich viel Geld haben).

Übrigens müsstest du in den USA auch mehr für die Zeitung bezahlen als in Skandinavien, da die dortigen Zeitungsläden den Preis auf 5,99 $ festsetzen. (Die sogenannte psychologische Preisgestaltung, vergleichbar mit den magischen Grenzen des psychologischen Alters, bei denen wir der ersten Ziffer mehr Bedeutung beimessen, erinnerst du dich? Mit anderen Worten, die Einzelhändler senken den Preis um einen Cent, um die erste Ziffer von sechs auf fünf zu reduzieren, damit die Leute die Zeitschrift als deutlich billiger wahrnehmen). In den skandinavischen Ländern dagegen würde man den Preis auf 49,50 SEK festsetzen (was eine Reduzierung um das Fünffache bedeutet, wenn man es in Cent umrechnet). Tatsächlich gibt es Studien über *The Economist* (wenig überraschend von Wirtschaftsprofessoren durchgeführt) sowie über Cornflakes und verschiedene andere Waren, die zeigen, dass sie in verschiedenen Ländern unterschiedlich viel kosten, obwohl sie identisch sind und genau das Gleiche wert sein sollten, und zwar aufgrund verschiedener Währungen, bei denen die linken Ziffern mit unterschiedlichen magischen Wendepunkten einhergehen.

Ein drittes Beispiel dafür, dass Zahlen nicht universell sind, sind natürlich die, die wir selbst festlegen. Wir sind nicht nur wählerisch, sondern bevorzugen auch bestimmte Zahlen. Wenn du dich zum Beispiel als Frau identifizierst, bewertest du ein Hotel eher mit einer geraden Zahl, während du als Mann dem gleichen Hotel, das du auf die gleiche Weise erlebt hast, eher eine ungerade Zahl geben würdest. Unter anderem deshalb geben Frauen oft höhere Bewertungen ab als Männer. Denn ganz gleich, wer du bist, bei einer geraden Zahl rückst du auf der Bewertungsskala wahrscheinlich eine Stufe nach oben (zum Beispiel 8 statt 6), während du bei einer ungeraden Zahl eine Stufe nach unten rutschst (zum Beispiel 7 statt 9). Zudem gibt es bei der Zahlenwahl kulturelle Unterschiede. So wählen Asiaten eher als westliche Menschen gerade Zahlen, und sie wählen auch eher Werte in der Mitte als an den Enden der Skala. Also entspricht eine »asiatische 6« eher einer »westlichen 7« und eine »asiatische 4« eher einer »westlichen 3«.

ZAHLEN SIND NICHT KORREKT

Es wäre außerdem schlau, sich immer an die folgende Tatsache zu erinnern: *Zahlen sind nicht immer korrekt.* Zumindest nicht automatisch. Wir haben ja schon gelernt, dass Leute das gern glauben möchten, also, dass etwas, das beziffert wird, automatisch wahr ist. Aber selbst mit den besten Absichten können Menschen – denn es sind immer Menschen, die sich ausdenken, welche Zahlen wie verwendet und berechnet werden – sich verrechnen.

> Darf ich noch was über Jesus erzählen? Bisher habe ich meinen inneren Nerd an der kurzen Leine gehalten, aber immerhin ist das ja das letzte Kapitel. Ich bin ein wenig der Frage nachgegangen, wie sich dieser Mönch ohne Google und alles so sicher sein konnte, dass Jesus 500 Jahre zuvor geboren worden war. Darüber fand ich keine Informationen, entdeckte jedoch, dass sich die Forschung anscheinend einig darüber ist, dass Dionysius sich verrechnet haben muss. Uneinig ist man hingegen darüber, wann Jesus denn dann stattdessen geboren wurde. Historiker meinen,

er müsse etwa vier bis sechs Jahre v. Chr. zur Welt gekommen sein, denn das war tatsächlich die Zeit, in der Herodes anordnete, dass alle männlichen Säuglinge getötet werden sollten (was laut Bibel im Zusammenhang mit der Geburt Jesu geschah, des männlichen Säuglings also, den sie draußen in der Pampa irgendwie übersehen haben). Andererseits glauben Astronomen, der Stern über der Krippe von Bethlehem müsse in Wirklichkeit der langsame Komet gewesen sein, der im Jahr 5 v. Chr. über Bethlehem hinwegzog, oder aber die große Konjunktion von Venus und Jupiter im Jahr 2 v.Chr., was also bedeutet, dass Jesu Geburt in eins dieser Jahre fallen muss. Jesus war seiner Zeit also buchstäblich voraus. Die Zahl 1, mit der wir unsere Zeit beginnen, die eigentlich die Zahl 0 sein sollte, müsste eigentlich die Zahl –5 sein oder vielleicht die Zahl –2 (oder –4 oder –6 ...).

Micael

Ehrlich gesagt sind die meisten ziemlich schlecht im Rechnen, besonders wenn es um große Zahlen geht. Du erinnerst dich: Unser Gehirn ist eigentlich darauf ausgelegt, mit Größen und Zahlen umzugehen, denen wir im Alltag begegnen, und recht kleine Zahlen zusammenzurechnen. Aber weil eine große und eine sehr große Zahl beinahe gleich auf uns wirken, wiegen wir uns in falscher Sicherheit oder tun uns schwer damit, sie überhaupt zu verstehen. Wenn wir dir beispielsweise sagen, dass 1 000 000 (eine Million) Sekunden 13 Tagen entsprechen, wie lange sind dann deiner Meinung nach 1 000 000 000 (eine Milliarde) Sekunden? Vermutlich würdest du kaum glauben, dass eine Milliarde Sekunden vollen 31 Jahren entsprechen (was die korrekte Antwort ist). Und wir sind auch ganz sicher, dass du glauben würdest, 1 000 000 000 000 (eine Billion) Sekunden seien viel weniger als 31 688 Jahre (was die richtige Antwort ist).

Die Zahlen sind so groß, dass jeder Bezug darauf völlig unmöglich wird und man sie nicht mehr unterscheiden kann. Das ist eine Erklärung dafür, warum manche »geschwindigkeitsblind« werden oder zu hohe Kredite aufnehmen (nach der ersten Million fühlen sich zwei auch nicht mehr so furchtbar viel mehr an), Geld verspielen (100 000 zu verlieren fühlt sich nämlich keineswegs zehnmal schlimmer an, als 10 000 zu verlieren) oder an der Börse Milliarden verspekulieren (der Rekord steht momentan bei neun Milliarden Dollar, die Finanzhändler bei der amerikanischen Bank JP Morgan im Jahr 2012 ausgaben).

Auch Maschinen können Schäden anrichten. Als der Preis des Buches *The Making of a Fly* 2011 auf Amazon auf 24 Millionen Dollar anstieg, wurde es damit zum teuersten Buch der Welt. Ein Buch über Genetik, das nur wenige Tage vorher für 35 Dollar verkauft wurde, ohne dass man sich bei einer Bestellung gleich bankrottklickte. Die Erklärung des Phänomens war, dass zwei Buchhändler denselben Algorithmus verwendeten, der nach den Buchpreisen der Konkurrenz suchte und das gleiche Buch (das er dann beim Konkurrenten erwarb und an seinen Kunden weiterverschickte) dann zum 1,3-fachen Preis anbot. Jedes Mal, wenn der Algorithmus des einen Buchhändlers den Preis in seinem Angebot mit 1,3 multiplizierte, reagierte der Algorithmus des anderen Buchhändlers, indem er den Preis in seinem Angebot ebenfalls mit 1,3 multiplizierte, und so weiter und so fort (eigentlich sind nicht einmal so furchtbar viele Multiplikationsschleifen nötig, um den Preis in die Höhe zu treiben).

> Letzten Sommer sind wir mit der ganzen Familie ein digitales Rennen gelaufen, bei dem wir uns die Laufstrecke frei aussuchen durften und das GPS ermitteln würde, wann wir nach genau zehn Kilometern die virtuelle Ziellinie erreichten. Wir (die Teenager-Tochter, der Teenager-Sohn, meine

Frau und ich) beschlossen, gemeinsam zu laufen und die Ziellinie gleichzeitig zu überqueren, wie das bei »normalen« Rennen im Gedränge nie möglich ist. Aber als meine Tochter und ich fast gleichzeitig die Nachricht erhielten, dass wir nur noch 200 Meter bis zur Ziellinie hätten, waren es für meinen Sohn und seine Mutter, die ja unmittelbar neben uns herliefen, noch über 600 Meter. Vielleicht so viel: Es war nicht gerade förderlich für die Geschwisterliebe, dass die große Schwester den kleinen Bruder um weit über eine Minute schlug und auf den letzten 400 Metern eine »Ehrenrunde durchs Stadion« drehte, während er Richtung Ziel sprintete. Ob es an unseren unterschiedlichen Handymodellen lag oder daran, dass die Tochter »besser« lief, wie sie meinte, oder an ganz etwas anderem, haben wir nicht herausgefunden.

Micael

ZAHLEN SIND NICHT GENAU

Auch das lohnt es sich, im Hinterkopf zu behalten: *Zahlen sind nicht immer genau.* Dabei kommen sie uns doch präzise vor, mit Kommastellen und allem. Doch selbst mit Kommastellen sind sie doch zumeist gerundet. Nehmen wir etwa die Konstante Pi, die für die Berechnung runder Objekte wie Kreise und Kugeln gebraucht wird. Wie jeder weiß, ist Pi gleich 3,14. Aber so ganz richtig ist das ja nicht, wendet nun jemand ein, der weiß, dass Pi gleich 3,1459265 ist. Da hört es bei den meisten leicht nerdig angehauchten Leuten dann auf, während jemand, der an Gedächtnismeisterschaften teilnimmt, vielleicht noch Hunderte oder gar Tausende Dezimalstellen herunterleiert.

Dass Pi gleich 3,14 ist, ist also wahr, aber nicht ganz exakt. Was sich zu einem ordentlichen Problem mausert, wenn es um beispielsweise den Kurs eines Raumschiffs auf dem Weg zum Mars geht und wir um zig Kilometer danebenliegen oder wir das Alter des Universums berechnen wollen und die eine oder andere Milliarde Jahre dabei vernachlässigen (frag bloß mal bei der NASA nach).

Ich weiß noch, wie in der Oberstufe meine ganze Klasse unverhältnismäßig viel Ärger bekam, weil wir im Matheunterricht angeblich zu nachlässig und ungenau rundeten. Das war im Herbst 1991 in Stavanger, Norwegen, und nach diversen unschönen Rechen- und Rundungsfehlern waren sowohl der Lehrer als auch die ganze Region wahrscheinlich ein wenig nervös. Ein Mitschüler verließ mit seiner Familie sogar wegen eines Rechenfehlers die Stadt. Sein Vater war maßgeblich an der Berechnung der Betonunterkonstruktion für die Ölplattform Sleipner A beteiligt. Die Unterkonstruktion, die 1,8 Milliarden Kronen gekostet hatte, brach ab und versank mit einem so starken Aufprall im Fjord, dass noch bis in Bergen ein Beben der Stärke 2,9 auf der Richterskala aufgezeichnet wurde. So etwas hinterlässt Spuren, vor allem bei einem übervorsichtigen, nervösen Mathelehrer.

Es macht die Sache auch nicht besser, dass im selben Jahr im Kuwait-Krieg wegen eines Rundungsfehlers 28 amerikanische Soldaten getötet und 100 verwundet wurden. Das Verteidigungssystem Patriot der USA hatte nämlich die Anzahl der Nachkommastellen auf 24 reduziert (und dann abgerundet). Hört sich vielleicht trivial an, aber unser Mathelehrer hat uns versichert, dass es bei der Ortung einer abgefeuerten Scud-Rakete doch verdammt viel ausmacht.

Jedenfalls habe ich Folgendes gelernt: Schreibe lieber genug Nachkommastellen auf oder schreibe die Zahl gleich als Bruch, sonst besteht die Gefahr, dass Menschen umkommen oder ein Erdbeben ausgelöst wird.

Helge

Vielleicht waren die Rundungsbeispiele ein bisschen zu heftig, schließlich sind wir Menschen ja wie gesagt nicht so gut darin, dermaßen große (oder winzig kleine) Zahlen zu verstehen. Nehmen wir also etwas, wozu du etwas mehr Bezug hast. Deine persönlichen Zahlen nämlich. Wenn du einen Film mit einer 4 bewertest, heißt das ja noch lange nicht, dass der Film exakt gleich gut ist wie alle anderen Filme, denen du eine 4 gegeben hast, oder? Aber weil die Bewertungsskala dir nur die Wahl zwischen 3, 4 oder 5 lässt, wird es eben eine 4, obwohl der Film vielleicht eigentlich nur eine 3,5 gewesen wäre (die du dann eben aufrundest, weil ganze Zahlen schöner aussehen), oder umgekehrt vielleicht sogar eine 4,5 (die du dann stattdessen abrundest, weil ganze Zahlen immer noch schöner aussehen). Zwei Filme, die du eigentlich unterschiedlich gut findest, und zwar im selben Maße unterschiedlich wie der Abstand zwischen einer 3 und einer 4 oder einer 4 und einer 5, bekommen also ein und dieselbe Punktzahl!

Genauso schräg wird es, wenn man sich die Durchschnittsbewertungen anderer anschaut. Wenn man beispielsweise ein armer Professor ist, der zufällig auf ratemyprofessors.com landet, und die Hälfte aller, die einen dort bewerten, sich für die Zahl 3 entscheiden und die andere Hälfte für die Zahl 5, käme im Durchschnitt eine 4 heraus, was dann so aussieht, als fänden einen die meisten ziemlich gut. Dabei findet dich die Hälfte eher so mittel und die anderen lieben dich (na ja). Oder wenn man ein bisschen »edgy« ist (was vielleicht öfter auf Stand-up-Comedians zutrifft als auf Professoren ...) und sich die Bewertungen auf Einsen und Fünfen verteilen. Wer dann nur den Durchschnitt, also eine 3, sieht, würde wohl daraus schließen, du wärst einer von vielen mittelmäßigen Stand-up-Comedians oder Professoren und weiterscrollen, obwohl du in Wirklichkeit jemand ganz Besonderes sein musst, den das Publikum entweder verabscheut oder liebt!

Dasselbe passiert natürlich auch mit dem Durchschnitt der Bewertungen, die du selbst vergibst. Die 4 für den Restaurantbesuch ist ein Durchschnitt der 5, die du für das Essen vergeben möchtest, der 4 für den Service und der 3 für die Sauberkeit der Toilette. Hättest du auf die Bewertung der Toiletten geschissen (wir bitten um Entschuldigung für diesen Flachwitz) oder den ganzen Abend nicht gemusst, wäre die Gesamtnote eher an eine 5 herangekommen. Und völlig unabhängig davon, ob diese 5 weit von der genauen Bewertung für deine Erfahrung entfernt ist, sie mindert auf jeden Fall dein persönliches Erleben, das weit mehr ist, als eine Zahl zum Ausdruck bringen kann. Sie wäre für jemanden, der sich eine Meinung über das Restaurant bilden möchte, auch nur bedingt hilfreich und sogar irreführend (»Scheint doch alles so weit ganz gut?«). Ein Feinschmecker, der von dem Essen dort begeistert wäre, würde vielleicht nicht hingehen, nachdem er deine durchschnittliche 4 gesehen hat, während jemand mit einem empfindlichen Magen und Angst vor Bazillen vielleicht hingehen und dann auf der Toilette den Schock seines Lebens bekommen würde.

ZAHLEN SIND NICHT OBJEKTIV

Damit kommen wir zu unserem letzten Punkt im Hinblick auf die Zahlen, die wir uns ausdenken: *Zahlen sind nicht objektiv.*

Okay, drei Stück Obst sind immer drei Stück Obst, diese Zahl ist objektiv. Aber wenn die 3 stattdessen als Note für den Fruchtgeschmack herhalten soll, wird es sofort subjektiv, auch wenn die Zahl natürlich genau gleich aussieht. (Und wenn man pingelig sein will, ist auch die 3, die für die Zahl der Früchte steht, unter Umständen subjektiv. Wenn zum Beispiel eins davon eine Tomate ist, würden manche sie zum Obst zählen – botanisch gesehen ist sie eine Beere, die per Definition eine Fruchtwand hat, die die Kerne schützt –, während andere, zum Beispiel diejenigen, die sich am Urteil des Obersten Gerichtshofs der USA von 1893 orientieren, sie zum Gemüse zählen würden, das zwischen zwei Stücke Obst geraten ist.)

Für welche Zahl du dich bei einer Bewertung entscheidest, wird aber nicht nur von deinem subjektiven Geschmack beeinflusst, sondern auch von anderen subjektiven Faktoren wie der Situation, in der du dich befindest, und deiner Stimmung. Wenn du zum Beispiel vor Kurzem eine Münze auf dem Weg gefunden hast, würdest du deine persönlichen Zukunftsaussichten vermutlich mit einer höheren Zahl bewerten (darüber gibt es sogar eine Untersuchung, aus einer Zeit, als man noch Münzgeld benutzte, das man somit auch auf der Straße verlieren konnte ...). Wenn die Sonne scheint, bewertest du deine Arbeit mit einer etwas höheren Zahl (ja, auch dazu gibt es eine Studie), und wenn deine Nationalmannschaft gestern bei der Fußballweltmeisterschaft ein Spiel gewonnen hat, bist du wahrscheinlich zufriedener mit deinen persönlichen finanziellen Verhältnissen und auch denen deines Landes und würdest der Regierung eine bessere Note geben (jedenfalls, wenn du Deutscher bist, in Deutschland wurden nämlich mehrere Untersuchungen zu dem Thema durchgeführt). Ganz zu schweigen davon, dass du, wenn du hungrig bist, Essen eine höhere Punktzahl gibst (gut, das kommt jetzt nicht völlig überraschend), allem anderen dagegen eine niedrigere, vom Film, den du gerade schaust, über das Shampoo, das du benutzt, bis hin zu den Schuhen an deinen Füßen (auch das wurde wissenschaftlich untersucht, allerdings nicht alles gleichzeitig, darauf sollten wir vielleicht noch einmal hinweisen).

ZAHLEN SIND (TROTZ ALLEM) FANTASTISCH

Also dann.

Jetzt haben wir dir einiges mit auf den Weg gegeben, mit dessen Hilfe du dich in der Zahlendemie hoffentlich besser zurechtfindest.

Schließlich glauben wir keinesfalls, dass es besser wäre, die Zahlen ganz abzuschaffen und gar nichts mehr zu messen, zu zählen und zu vergleichen. Wir müssen nur lernen, auf klügere Weise mit ihnen zu leben. Die Sache ist nämlich die, dass Zahlen einfach fantastisch sind. Wir haben auf verschiedene Risiken und Nebenwirkungen hingewiesen, aber wie schon im Vorwort gesagt: Im Grunde lieben wir sie. In vielerlei Hinsicht sind sie der Nährboden unserer Zivilisationen. Die großen historischen Kulturen, von den Sumerern über die Römer bis hin zu den Mayas, haben alle eigene Zahlensysteme entwickelt und sich durch sie und mit ihnen weiterentwickelt.

Auf der Welt werden zwar Tausende verschiedener Sprachen gesprochen, wir »sprechen« aber mehr oder weniger alle dieselben Zahlen (wir müssen nur lernen, sie auch zu verstehen).

Dank der Zahlen überblicken wir, ob sich mehr als fünf Erdnüsse in einem Glas befinden, und wir können so viele Getreidekörner auf so viele Haufen aufteilen, wie wir wollen. Wir sind in der Lage, zu wirtschaften, zu planen, zu handeln und zu teilen, was das Zeug hält. Ohne Zahlen würden wir weder über die Zeit noch über die Fähigkeit verfügen, das Universum zu verstehen (soweit uns das eben möglich ist). Mithilfe der Zahlen wird die Menschheit bald in der Lage sein, neue Welten zu erforschen, und das noch vor Ende dieses Jahrhunderts, wenn wir den Wissenschaftlern glauben.

Aufgrund der Zahlen sind wir im Großen und Ganzen in der Lage, alles zu schaffen. Und das darf man nicht vergessen: Die Zahlen sind dazu da, um zu helfen. Deshalb wurden sie ja überhaupt erst erfunden. Denn wie gesagt: All diese Zahlen, die sich in deine Leistungen, Beziehungen und Erfahrungen einschleichen, die dein Selbstbild und sogar deinen Körper beeinflussen, sind *ausgedacht*. Es gibt sie nur, weil irgendjemand irgendwann glaubte, sie wären nützlich und würden dich bei allem, was du so tust, unterstützen. Aber die Zahlen sind nur so lange hilfreich, wie du dich daran erinnerst, dass sie eben nicht ewig sind, dass sie sich ändern und von Zeit zu Zeit eine andere Bedeutung annehmen, und dass sie nicht dazu da sind, um Vergangenheit und Gegenwart zu vergleichen oder als Maßstab für die Zukunft zu dienen (diese Zahlen sind dann vielleicht nicht einmal mehr relevant). Denk daran, dass sie nicht allgemeingültig sind, und hör auf, dich und alles mit jedem und allem zu vergleichen. Glaube nicht blindlings an sie, denn in Wirklichkeit sind sie nicht immer korrekt und genau. Und vergiss nie, dass du dir viele der Zahlen in deinem Leben selbst ausgedacht hast.

Manchmal kannst du sogar ganz auf die Verwendung von Zahlen pfeifen. Erzähle von deinem wunderbaren Hotelaufenthalt, anstatt ihn zu bewerten. Schreib eine Rezension über das Buch und verwende dabei Worte statt Zahlen. Genieße deinen Besuch im Restaurant, ohne vorher in den sozialen Medien nachzuschauen, was deine Freunde davon halten. Schau in den Spiegel, anstatt dich auf den BMI oder die Zahlen auf der Waage einzuschießen. Und guck beim Sex nicht auf die Uhr.

Und denke immer daran:

1. Zahlen sind nicht ewig. Pass auf, dass du keine Vergleiche über verschiedene Zeiträume anstellst, und denk dran, dass der Inhalt dessen, was die Zahlen beschreiben, veränderlich ist.

2. Zahlen sind nicht universell. Selbst wenn sie ganz gleich aussehen, bedeuten sie mitunter verschiedene Dinge und haben in unterschiedlichen Ländern, Kulturen und für unterschiedliche Menschen verschiedene Werte.

3. Denk daran, dass Zahlen nicht automatisch korrekt sind. Sowohl Menschen als auch Maschinen können sich bewusst oder unbewusst verrechnen.

4. Selbst wenn die Zahlen korrekt sind, heißt das noch lange nicht, dass sie auch exakt sind. Fast alle Zahlen sind irgendwie gerundet. Pass auf, dass du dich von ihnen in deinem Denken nicht fälschlicherweise einschränken lässt.

5. Der beinahe wichtigste Punkt überhaupt: Zahlen sind fast immer in irgendeiner Hinsicht subjektiv. Sie (und du!) werden zu dem, was du daraus machst. Verwende Zahlen immer mit Vorsicht und benutze immer dein eigenes Urteilsvermögen.

QUELLEN

VORWORT

Becker, J.: »Why we buy more than we need«, in: *Forbes*, 27. November 2018. Vgl. www.forbes.com/sites/joshuabecker/2018/11/27/why-we-buy-more-than-we-need/?sh=4ad820836417

Ford, E. S., Cunningham, T. J. & Croft, J. B.: »Trends in self-reported sleep duration among us adults from 1985 to 2012«, in: *SLEEP*, 38, Nr. 5 (Mai 2015), S. 829–832.

Larsen, T. & Røyrvik, E. A.: *Trangen til å telle: Objektivering, måling og standardisering som samfunnspraksis*. Oslo 2017.

Mau, S.: *The metric society: On the quantification of the social*. Medford, MA, 2019.

Muller, J. Z.: *The tyranny of the metrics*. Princeton, NJ, 2018.

Nurmilaakso, T.: »Prisma Studio: Pärjääkö ihminen muutaman tunnin yöunilla?«, auf: *Yle*, TV1, 2017. Vgl. https://yle.fi/aihe/artikkeli/2017/01/31/prisma-studio-parjaako-ihminen-muutaman-tunnin-younilla

OECD: *Society at a glance 2009: OECD social indicators*. Paris 2009.

Seife, C.: *Proofiness: How you're being fooled by the numbers*. New York, NY, 2010.

SVT: »Stark trend – svenskar byter jobb som aldrig förr«, SVT Nyheter, 12. November 2018. Vgl. www.svt.se/nyheter/lokalt/vasterbotten/vi-byter-jobb-allt-oftare

SVT: »Ungdomar sover för lite«, SVT Nyheter, 3. Juli 2018. Vgl. www.svt.se/nyheter/lokalt/vast/somnbrist

1 DIE GESCHICHTE DER ZAHLEN

Boissoneault, L.: »How humans invented numbers – and how numbers reshaped our world«, in: *Smithsonian Magazine*. 13. März 2017. Vgl. www. smithsonianmag.com/innovation/how-humans-invented-numbersand-how-numbers-reshaped-our-world-180962485/

Dr. Y: »The Lebombo bone: The oldest mathematical artifact in the world«, auf: *African Heritage*. Blogbeitrag vom 17. Mai 2019. Vgl. https://afrolegends.com/2019/05/17/the-lebombo-bone-the-oldest-mathematical-artifact-in-the-world/

Hopper, V. F.: *Medieval number symbolism: Its sources, meaning, and influence on thought and expression*. New York, NY, 1969.

Knott, R. (undatiert): »The Fibonacci numbers and nature«, auf: *Dr. Knott's Web Pages on Mathematics*. Vgl. www.maths.surrey.ac.uk/hosted-sites/R.Knott/Fibonacci/fibnat.html

Larsen, T. & Røyrvik, E. A.: *Trangen til å telle: Objektivering, måling og standardisering som samfunnspraksis.* Oslo 2017.
Livio, M.: *The golden ratio: The story of phi, the world's most astonishing number.* New York, NY, 2002.
McCants, G: *Kleines Handbuch der Numerologie: Was Ihre Zahlen über Sie und Ihr Schicksal verraten.* München 2005.
Merkin, D.: »In search of the skeptical, hopeful, mystical Jew that could be me«, in: *The New York Times Magazine*, 13. April 2008. Vgl. www.nytimes. com/2008/04/13/magazine/13kabbalah-t.html
Muller, J. Z.: *The tyranny of the metrics.* Princeton, NJ, 2018.
Norman, J. M.: »The Lebombo bone, oldest known mathematical artifact«, in: *Historyofinformation.com.* (undatiert) Vgl. www.historyofinformation.com/detail.php?entryid=2338
Osborn, D.: »The history of numbers«, in: *Vedic Science.* (undatiert) Vgl. https://vedicsciences.net/articles/history-of-numbers.html
Pegis, R. J.: »Numerology and probability in Dante«, in: *Mediaeval Studies*, 29, 1967, S. 370–373.
Schimmel, A.: *Das Mysterium der Zahl: Zahlensymbolik im Kulturvergleich.* München, 1993.
Seife, C.: *Proofiness: How you're being fooled by the numbers.* New York, NY, 2010.
Thimbleby, H.: »Interactive numbers: A grand challenge«, in: *Proceedings of the IADIS International Conference on Interfaces and Human Computer Interaction 2011*, 2011.
Thimbleby, H. & Cairns, P.: »Interactive numerals«, in: *Royal Society Open Science*, 4(4), 2017.

2 ZAHLEN UND KÖRPER

Andres, M., Davare, M., Pesenti, M., Olivier, E. & Seron, X.: »Number magnitude and grip aperture interaction«, in: *Neuroreport*, 15(18), 2004. S. 2773–2777.
Cantlon, J. F., Merritt, D. J. & Brannon, E. M.: »Monkeys display classic signatures of human symbolic arithmetic«, in: *Animal Cognition*, 19(2), 2016. S. 405–415.
Cantlon, J. F., Brannon, E. M., Carter, E. J. & Pelphrey, K. A.: »Functional imaging of numerical processing in adults and 4-y-old children«, in: *PLoS Biol*, 4(5), 2006.
Chang, E. S., Kannoth, S., Levy, S., Wang, S. Y., Lee, J. E. u. a.: »Global reach of ageism on older persons' health: A systematic review«, in: *PLoS ONE*, 15(1), 2020. S. 3
Dehaene, S. & Changeux, J. P.: »Development of elementary numerical abilities: A neuronal model«, in: *Journal of Cognitive Neuroscience*, 5(4), 1993. S. 390–407.

Dehaene, S., Piazza, M., Pinel, P. & Cohen, L.: »Three parietal circuits for number processing«, in: *Cognitive Neuropsychology, 20*(3-6), 2003. S. 487–506.

DeMarree, K. G., Wheeler, S. C. & Petty, R. E.: »Priming a new identity: Self-monitoring moderates the effects of nonself primes on self-judgments and behavior«, in: *Journal of Personality and Social Psychology, 89*(5), 2005. S. 657–671.

Fischer, M. H.: »A hierarchical view of grounded, embodied, and situated numerical cognition«, in: *Cognitive Processing, 13,* 2012. S. 161–164.

Fischer, M. H. & Brugger, P.: »When digits help digits: Spatial-numerical associations point to finger counting as prime example of embodied cognition«, in: *Frontiers in Psychology, 2,* 2011.

Gordon, P.: »Numerical cognition without words: Evidence from Amazonia«, in: *Science, 306*(5695), 2004. S. 496–499.

Grade, S., Badets, A. & Pesenti, M.: »Influence of finger and mouth action observation on random number generation: An instance of embodied cognition for abstract concepts«, in: *Psychological Research, 81*(3), 2017. S. 538–548.

Hauser, M. D., Tsao, F., Garcia, P. & Spelke, E. S.: »Evolutionary foundations of number: Spontaneous representation of numerical magnitudes by cotton-top tamarins«, in: *Proceedings of the Royal Society of London. Series B: Biological Sciences, 270*(1523), 2003. S. 1441–1446.

Hubbard, E. M., Piazza, M., Pinel, P. & Dehaene, S.: »Interactions between number and space in parietal cortex«, in: *Nature Reviews Neuroscience, 6,* 2005. S. 435–448.

Hyde, D. C. & Spelke, E. S.: »All numbers are not equal: An electrophysiological investigation of small and large number representations«, in: *Journal of Cognitive Neuroscience, 21*(6), 2009. S. 1039–1053.

Kadosh, R. C., Lammertyn, J. & Izard, V.: »Are numbers special? An overview of chronometric, neuroimaging, developmental and comparative studies of magnitude representation«, in: *Progress in Neurobiology, 84*(2), 2008. S. 132–147.

Lachmair, M., Ruiz Fernàndez, S., Moeller, K., Nuerk, H. C. & Kaup, B.: »Magnitude or Multitude – What Counts?«, in: *Frontiers in Psychology, 9,* 2018. S. 59–65.

Luebbers, P. E., Buckingham, G. & Butler, M. S.: »The national football league-225 bench press test and the size-weight illusion«, in: *Perceptual and Motor Skills, 124*(3), 2017. S. 634–648.

Moeller, K., Fischer, U., Link, T., Wasner, M., Huber, S. u. a.: »Learning and development of embodied numerosity«, in: *Cognitive Processing, 13*(1), 2012. S. 271–274.

Nikolova, V.: »Why you are 12 % more likely to run a marathon at a milestone age?«, auf: *Runrepeat,* 2. März 2021. Vgl. https://runrepeat.com/12-percent-more-likely-to-run-a-marathon-at-a-milestone-age

Notthoff, N., Drewelies, J., Kazanecka, P., Steinhagen-Thiessen, E., Norman, K. u. a.: »Feeling older, walking slower – but only if someone's watching. Subjective age is associated with walking speed in the laboratory, but not in real life«, in: *European Journal of Ageing*, 15(4), 2018. S. 425–433.
Pica, P., Lemer, C., Izard, V. & Dehaene, S.: »Exact and approximate arithmetic in an Amazonian indigene group«, in: *Science*, 306(5695), 2004. S. 499–503.
Reinhard, R., Shah, K. G., Faust-Christmann, C. A. & Lachmann, T.: »Acting your avatar's age: Effects of virtual reality avatar embodiment on real life walking speed«, in: *Media Psychology*, 23(2), 2020. S. 293–315.
Robson, D.: »The age you feel means more than your actual birthdate«, auf: *BBC*, 19. Juli 2018. Vgl. www.bbc.com/future/article/20180712-the-age-you-feel-means-more-than-your-actual-birthdate
Schwarz, W. & Keus, I. M.: »Moving the eyes along the mental number line: Comparing SNARC effects with saccadic and manual responses«, in: *Perception & Psychophysics*, 66(4), 2004. S. 651–664.
Shaki, S. & Fischer, M. H.: »Random walks on the mental number line«, in: *Experimental Brain Research*, 232(1), 2014. S. 43–49.
Studenski, S., Perera, S., Patel, K., Rosano, C., Faulkner, K. u. a.: »Gait speed and survival in older adults«, *JAMA*, 305(1), 2011. S. 50–58.
Westerhof, G. J., Miche, M., Brothers, A. F., Barrett, A. E., Diehl, M. u. a.: »The influence of subjective aging on health and longevity: A meta-analysis of longitudinal data«, in: *Psychology and Aging*, 29(4), 2014. S. 793–802.
Winter, B., Matlock, T., Shaki, S. & Fischer, M. H.: »Mental number space in three dimension«, in: *Neuroscience & Biobehavioral Reviews*, 57, 2015. S. 209–219.
Yoo, S. C., Peña, J. F. & Drumwright, M. E.: »Virtual shopping and unconscious persuasion: The priming effects of avatar age and consumers' age discrimination on purchasing and prosocial behaviors«, in: *Computers in Human Behavior*, 48, 2015. S. 62–71.

3 ZAHLEN UND SELBSTBILD

APS: »Social media ›likes‹ impact teens' brains and behavior«, in: *Association for Psychological Science*, 31. Mai 2016. Vgl. www.psychologicalscience.org/news/releases/social-media-likes-impact-teens-brains-and-behavior.html
Burrow, A. L. & Rainone, N.: »How many likes did I get?: Purpose moderates links between positive social media feedback and self-esteem«, in: Journal of Experimental Social Psychology, 69, 2017. S. 232–236.
Burrows, T.: »Social media obsessed teen who ›killed herself‹ thought she ›wasn't good enough unless she was getting likes‹«, in: The Sun, 9 Januar 2020. Vgl. www.thesun.co.uk/news/10705211/social-media-obsesseddeath-durham-sister-tribute/

Carey-Simos, G.: »How much data is generated every minute on social media?«, in: WeRSM, 19. August 2015. Vgl. https://wersm.com/how-much-data-is-generated-every-minute-on-social-media/

DNA: »Not able to get enough ›likes‹ on TikTok, Noida teenager commits suicide«, in: DNA India, 20. April 2020. Vgl. www.dnaindia.com/india/report-not-able-to-get-enough-likes-on-tiktok-noida-teenager-commits-suicide-2821825

Fitzgerald, M.: »Instagram starts test to hide number of likes posts receive for users in 7 countries«, in: TIME, 18. Juli 2019. Vgl. https://time.com/5629705/instagram-removing-likes-test/

Fliessbach, K., Weber, B., Trautner, P., Dohmen, T., Sunde, U. u. a.: »Social comparison affects reward-related brain activity in the human ventral striatum«, Science, 318(5894), 2007. S. 1305–1308.

Gaynor, G. K.: »Instagram removing ›likes‹ to ›depressurize‹ youth, some aren't buying it«, auf: Fox News, 2019. Vgl. www.foxnews.com/lifestyle/instagram-removing-likes

Jiang, Y., Chen, Z. & Wyer, R. S.: »Impact of money on emotional expression«, in: Journal of Experimental Social Psychology, 55, 2014. S. 228–233.

Mirror Now News: »Noida: Depressed over not getting enough ›likes‹ on TikTok, youngster commits suicide«, auf: Mirror Now Digital, 17. April 2020. Vgl. www.timesnownews.com/mirror-now/crime/article/noida-depressed-over-not-getting-enough-likes-on-tiktok-youngster-commits-suicide/579483

Reutner, L., Hansen, J. & Greifeneder, R.: »The cold heart: Reminders of money cause feelings of physical coldness«, in: Social Psychological and Personality Science, 6(5), 2015. S. 490–495.

Sherman, L. E., Payton, A. A., Hernandez, L. M., Greenfield, P. M. & Dapretto, M.: »The power of the like in adolescence: Effects of peer influence on neural and behavioral responses to social media«, in: Psychological Science, 27(7), 2016. S. 1027–1035.

Smith, K.: »53 incredible Facebook statistics and facts«, auf: Brandwatch, 1. Juni 2019. Vgl. www.brandwatch.com/blog/facebook-statistics/

Squires, A.: »Social media, self-esteem, and teen suicide«, auf: PPC (Blogartikel, undatiert). Vgl. https://blog.pcc.com/social-media-self-esteem-and-teen-suicide

Vogel, E. A., Rose, J. P., Roberts, L. R. & Eckles, K.: »Social comparison, social media, and self-esteem«, in: Psychology of Popular Media Culture, 3(4), 2014. S. 206–222.

Vohs, K. D.: »Money priming can change people's thoughts, feelings, motivations, and behaviors: An update on 10 years of experiments«, in: Journal of Experimental Psychology: General, 144(4), 2015. e86–e93.

Vohs, K. D., Mead, N. L. & Goode, M. R.: »The psychological consequences of money«, in: Science, 314(5802), 2006. S. 1154–1156.

Wang, S.: »Instagram tests removing number of ›likes‹ on photos and videos«, auf: *Bloomberg*, 30. April 2019. Vgl. https://www.bloomberg.com/news/articles/2019-04-30/instagram-tests-removing-number-of-likes-on-photos-and-videos

Zaleskiewicz, T., Gasiorowska, A., Kesebir, P., Luszczynska, A. & Pyszczynski, T.: »Money and the fear of death: The symbolic power of money as an existential anxiety buffer«, in: *Journal of Economic Psychology*, 36, 2013. S. 55–67.

4 ZAHLEN UND LEISTUNGEN

Ajana, B.: *Metric culture: Ontologies of self-tracking practices*. Bingley 2018.

Farr, C.: »How Tim Ferriss has turned his body into a research lab.« auf: *KQED*, 17. März 2015. Vgl. www.kqed.org/futureofyou/407/how-tim-ferriss-has-turned-his-body-into-a-research-lab

Hill, K.: »Adventures in self-surveillance, aka the quantified self, aka extreme navel-gazing«, auf: *Forbes*, 7. April 2011. Vgl. www.forbes.com/sites/kashmirhill/2011/04/07/adventures-in-self-surveillance-aka-the-quantified-self-aka-extreme-navel-gazing/#5102dac76773

Kuvaas, B., Buch, R. & Dysvik, A.: »Individual variable pay for performance, controlling effects, and intrinsic motivation«, in: *Motivation and Emotion*, 44, 2020. S. 525–533.

Larsen, T. & Røyrvik, E. A.: *Trangen til å telle: Objektivering, måling og standardisering som samfunnspraksis*. Oslo 2017.

Lupton, D.: *The quantified self*. Malden, MA, 2016.

Moschel, M.: »The beginner's guide to quantified self (plus, a list of the best personal data tools out there)«, auf: *Technori* (Blogartikel, 8. August 2018). Vgl. https://technori.com/2018/08/4281-the-beginners-guide-to-quantified-self-plus-a-list-of-the-best-personal-data-tools-outthere/markmoschel/

Nafus, D. (Hg.): *Quantified: Biosensing technologies in everyday life*. Cambridge, MA, 2016.

Neff, G. & Nafus, D.: *Self-tracking*. Cambridge, MA, 2016.

Quantified Self: »Hugo Campos: 10 years with an implantable cardiac device and ›almost‹ no data access«, in: *Quantified Self Public Health*, 28. April 2018. Vgl. https://medium.com/quantified-self-public-health/hugo-campos-10-years-with-animplantable-cardiac-device-and-almost-no-data-access-71018b39b938

Ramirez, E.: »My device, my body, my data«, auf: *Quantified Self*. Blogartikel, 4. Februar 2015. Vgl. https://quantifiedself.com/blog/my-device-my-body-my-data-hugo-campos/

Satariano, A.: »Google faces European inquiry into Fitbit acquisition«, in: *New York Times*, 4. August 2020. Vgl. https://www.nytimes.com/2020/08/04/business/google-fitbit-europe.html

Selke, S. (Hg.): *Lifelogging: Digital self-tracking and lifelogging – Between disruptive technology and cultural transformation.* Wiesbaden 2016.

Stanford Medicine X: *Hugo Campos.* (undatiert). Vgl. https://medicinex.stanford.edu/citizen-campos/

The Economist: »Hugo Campos has waged a decade-long battle for access to his heart implant«, in: *Technology Quarterly,* 12. September 2019. Vgl. www.economist.com/technology-quarterly/2019/09/12/hugo-campos-has-waged-a-decade-long-battle-for-access-to-his-heart-implant

5 ZAHLEN UND ERFAHRUNGEN

Dijkers, M.: »Comparing quantification of pain severity by verbal rating and numeric rating scales«, in: *The Journal of Spinal Cord Medicine,* 33(3), 2010. S. 232–242.

Erskine, R.: »You just got attacked by fake 1-star reviews. Now what?«, in: *Forbes,* 15. Mai 2018. Vgl. www.forbes.com/sites/ryanerskine/2018/05/15/you-just-got-attacked-by-fake-1-star-reviews-now-what/?sh=189583301071

Hoch, S. J.: »Product experience is seductive«, in: *Journal of Consumer Research,* 29(3), 2002. S. 448–454.

Liptak, A.: »Facebook strikes back against the group sabotaging Black Panther's Rotten Tomatoes rating«, in: *The Verge,* 2. Februar 2018. Vgl. www.theverge.com/2018/2/2/16964312/facebook-black-panther-rottentomatoes-last-jedi-review-bomb

Rockledge, M.D, Rucker, D. D. & Nordgren, L. F.: »Mass-scale emotionality reveals human behaviour and marketplace success«, in: Nature Human Behaviour, 8. April 2021.

Williamson, A. & Hoggart, B.: »Pain: A review of three commonly used pain rating scales«, in: Journal of Clinical Nursing, 14(7), 2005. S. 798–804.

6 ZAHLEN UND BEZIEHUNGEN

American Psychological Association: »Tinder: Swiping self esteem?« Pressemitteilung vom 4. August 2016. Vgl. www.apa.org/news/press/releases/2016/08/tinder-self-esteem

Danaher, J., Nyholm, S. & Earp, B. D.: »The quantified relationship«, in: *The American Journal of Bioethics,* 18(2), 2018. S. 3–19.

Eurostat: »Rising proportion of single person households in the EU«, *Eurostat,* 6. Juli 2018. Vgl. https://ec.europa.eu/eurostat/web/products-eurostat-news/-/DDN-20180706-1

Ortiz-Ospina, E. & Roser, M.: »Trust«, in: *Our World in Data,* 2016. Vgl. https://ourworldindata.org/trust

Strubel, J. & Petrie, T. A.: »Love me Tinder: Body image and psychosocial functioning among men and women«, in: *Body Image, 21,* 2017. S. 34–38.
Timmermans, E., De Caluwé, E. & Alexopoulos, C.: »Why are you cheating on Tinder? Exploring users' motives and (dark) personality traits«, in: *Computers in Human Behavior, 89,* 2018. S. 129–139.
Waldinger, M. D., Quinn, P., Dilleen, M., Mundayat, R., Schweitzer, D. H. u. a.: »A multi-national population survey of intravaginal ejaculation latency time«, in: *The Journal of Sexual Medicine, 2*(4), 2005. S. 492–497.
Ward, J.: »What are you doing on Tinder? Impression management on a matchmaking mobile app«, in: *Information, Communication & Society, 20*(11), 2017. S. 1644–1659.
Wellings, K., Palmer, M. J., Machiyama, K. & Slaymaker, E.: »Changes in, and factors associated with, frequency of sex in Britain: Evidence from three national surveys of sexual attitudes and lifestyles (Natsal)«, in: *The BMJ,* 365(8198), 2019.
World Values Survey: *Online data analysis.* (undatiert). Vgl. www.worldvaluessurvey.org/WVSOnline.jsp

7 ZAHLEN ALS WÄHRUNG

Barlyn, S.: »Strap on the Fitbit: John Hancock to sell only interactive life insurance«, in: *Reuters,* 19. September 2018. Vgl. www.reuters.com/article/us-manulife-financi-john-hancock-lifeins-idUSKCN1LZ1WL
Blauw, S.: *The number bias. How numbers lead and mislead us.* London 2020.
Brown, B.: »TikTok's 7 highest-earning stars: New Forbes list led by teen queens Addison Rae and Charli D'Amelio«, in: *Forbes,* 6. August 2020. Vgl. www.forbes.com/sites/abrambrown/2020/08/06/tiktoks-highest-earning-stars-teen-queens-addison-rae-and-charli-damelio-rule/?sh=2e41abf75087
Frazier, L.: »5 ways people can make serious money on TikTok«, in: *Forbes,* 10. August 2020. Vgl. www.forbes.com/sites/lizfrazierpeck/2020/08/10/5-ways-people-can-make-serious-money-on-tiktok/?sh=19aea32a5afc
Meyer, R.: »Could a bank deny your loan based on your Facebook friends?«, in: The Atlantic, 25. September 2015. Vgl. www.theatlantic.com/technology/archive/2015/09/facebooks-new-patent-and-digital-redlining/407287/
Nguyen, C. Thi: *Games: Agency as Art.* New York 2020.
Nødtvedt, K. B., Sjåstad, H., Skard, S. R., Thorbjørnsen, H. & Van Bavel, J. J.: »Racial bias in the sharing economy and the role of trust and self-congruence«, in: *Journal of Experimental Psychology: Applied,* 29. April 2021.
Wang, L., Zhong, C. B. & Murnighan, J. K.: »The social and ethical consequences of a calculative mindset«, in: *Organizational Behavior and Human Decision Processes, 125*(1), 2014. S. 39–49.

8 ZAHLEN UND WAHRHEIT

Bhatia, S., Walasek, L., Slovic, P. & Kunreuther, H.: »The more who die, the less we care: Evidence from natural language analysis of online news articles and social media posts«, in: *Risk Analysis*, 41(1), 2021. S. 179–203.

Henke, J., Leissner, L. & Möhring, W.: »How can journalists promote news credibility? Effects of evidences on trust and credibility«, in: *Journalism Practice*, 14(3), 2020. S. 299–318.

Koetsenruijter, A. W.M.: »Using numbers in news increases story credibility«, in: *Newspaper Research Journal*, 32(2), 2011. S. 74–82.

Lindsey, L. L.M. & Yun, K. A.: »Examining the persuasive effect of statistical messages: A test of mediating relationships«, in: *Communication Studies*, 54(3), 2003. S. 306–321.

Luo, M., Hancock, J. T. & Markowitz, D. M.: »Credibility perceptions and detection accuracy of fake news headlines on social media: Effects of truth-bias and endorsement cues«, in: *Communication Research*, 2020.

Luppe, M. R. & Lopes Fávero, L. P.: »Anchoring heuristic and the estimation of accounting and financial indicators«, in: *International Journal of Finance and Accounting*, 1(5), 2012. S. 120–130.

Plous, S.: »Thinking the unthinkable: The effects of anchoring on likelihood estimates of nuclear war«, in: *Journal of Applied Social Psychology*, 19(1), 1989. S. 67–91.

Seife, C.: *Proofiness: How you're being fooled by the numbers*. New York, NY, 2010.

Slovic, S. & Slovic, P.: *Numbers and nerves: Information, emotion, and meaning in a world of data*. Corvallis, OR, 2015.

Tomm, B. M., Slovic, P. & Zhao, J.: »The number of visible victims shapes visual attention and compassion«, in: *Journal of Vision*, 19(10), 2019. S. 105.

Yamagishi, K.: »Upward versus downward anchoring in frequency judgments of social facts«, in: *Japanese Psychological Research*, 39(2), 1997. S. 124–129.

Ye, Z., Heldmann, M., Slovic, P. & Münte, T. F.: »Brain imaging evidence for why we are numbed by numbers«, in: *Scientific Reports*, 10(1), 2020.

9 ZAHLEN UND GESELLSCHAFT

Ariely, D., Loewenstein G. & Prelec, D.: »›Coherent arbitrariness‹: Stable demand curves without stable preferences«, in: *The Quarterly Journal of Economics*, 118(1), 2003. S. 73–105.

Blauw, S.: *The number bias. How numbers lead and mislead us*. London 2020.

Brennan, L., Watson, M., Klaber, R. & Charles, T.: »The importance of knowing context of hospital episode statistics when reconfiguring the NHS«, in: *The BMJ*, 2012.

Campbell, S. D. & Sharpe, S. A.: »Anchoring bias in consensus forecasts and its effect on market prices«, in: *Journal of Financial and Quantitative Analysis*, 44(2), 2009. S. 369–390.

Chan, A.: »1998 study linking autism to vaccines was an ›elaborate fraud‹«, in: *Live Science*, 30. Mai 2013. Vgl. www.livescience.com/35341-mmr-vaccine-linked-autism-study-was-elaborate-fraud.html

Financial Times: »How politicians poisoned statistics«, in: *Financial Times*, 14. April 2016. Vgl. www.ft.com/content/2e43b3e8-01c7-11e6-ac98-3c15a1aa2e62

Fliessbach, K., Weber, B., Trautner, P., Dohmen, T., Sunde, U. et al.: »Social comparison affects reward-related brain activity in the human ventral striatum«, in: *Science*, 318(5894), 2007. S. 1305–1308.

Furnham, A. & Boo, H. C.: »A literature review of the anchoring effect«, in: *The Journal of Socio-Economics*, 40(1), 2011. S. 35–42.

Hans, V. P., Helm, R. K. & Reyna, V. F.: »From meaning to money: Translating injury into dollars«, in: *Law and Human Behavior*, 42(2), 2018. S. 95–109.

Hviid, A., Hansen, J. V., Frisch, M. & Melbye, M.: »Measles, Mumps and Rubella vaccination and autism: A nationwide cohort study«, in: *Annals of Internal Medicine*, 170(8), 2019. S. 513–520.

Kahan, D. M., Peters, E., Cantrell Dawson, E. & Slovic, P.: »Motivated numeracy and enlightened self-government«, in: *Behavioural Public Policy*, 1(1), 2017. S. 54–86.

Lalot, F., Quiamzade, A. & Falomir-Pichastor, J. M.: »How many migrants are people willing to welcome into their country? The effect of numerical anchoring on migrant acceptance«, in: *Journal of Applied Social Psychology*, 49(6), 2019. S. 361–371.

Larsen, T. & Røyrvik, E. A.: *Trangen til å telle: Objektivering, måling og standardisering som samfunnspraksis*. Oslo 2017.

Mau, S.: *The metric society: On the quantification of the social*. Medford, MA, 2019.

Muller, J. Z.: *The tyranny of the metrics*. Princeton, NJ, 2018.

Seife, C.: *Proofiness: How you're being fooled by the numbers*. New York, NY, 2010.

Spiegelhalter, D.: *Sex by numbers*. London 2015.

Tversky, A. & Kahneman, D.: »Judgment under uncertainty: Heuristics and biases«, in: *Science*, 185(4157), 1974. S. 1124–1131.

Vogel, E. A., Rose, J. P., Roberts, L. R. & Eckles, K.: »Social comparison, social media, and self-esteem«, in: *Psychology of Popular Media Culture*, 3(4), 2014. S. 206–222.

10 ZAHLEN UND DU

Brendl, C. M., Markman, A. B. & Messner, C.: »The devaluation effect: Activating a need devalues unrelated objects«, in: *Journal of Consumer Research*, 29(4), 2003. S. 463–473.

Castro, J.: »When was Jesus born?«, in: *Live Science*, 30. Januar 2014. Vgl. https://www.livescience.com/42976-when-was-jesus-born.html

Dohmen, T. J., Falk, A., Huffman, D. & Sunde, U.: »Seemingly irrelevant events affect economic perceptions and expectations: The FIFA World Cup 2006 as a natural experiment«, in: *IZA Institute of Labor Economics*, 2006.

Friberg, R. & Mathä, T. Y.: »Does a common currency lead to (more) price equalization? The role of psychological pricing points«, in: *Economics Letters*, 84(2), 2004. S. 281–287.

Kämpfer, S. & Mutz, M.: »On the sunny side of life: Sunshine effects on life satisfaction«, in: Social Indicators Research, 110(2), 2013. S. 579–595.

Knapton, S.: »An earlier universe existed before the Big Bang, and can still be observed today, says Nobel winner«, in: The Telegraph, 6. Oktober 2020. Vgl. www.telegraph.co.uk/news/2020/10/06/earlier-universe-existed-big-bangcan-observed-today/

Kumar, M.: »When maths goes wrong«, in: New Statesman, 15. Mai 2019. Vgl. www.newstatesman.com/culture/ books/2019/05/when-maths-goes-wrong

Raghubir, P. & Srivastava, J.: »Effect of face value on product valuation in foreign currencies«, in: *Journal of Consumer Research*, 29(3), 2002. S. 335–347.

Schwarz, N., Strack, F., Kommer, D. & Wagner, D.: »Soccer, rooms, and the quality of your life: Mood effects on judgments of satisfaction with life in general and with specific domains«, in: *European Journal of Social Psychology*, 17(1), 1987. S. 69–79.

Tom, G. & Rucker, M.: »Fat, full, and happy: Effects of food deprivation, external cues, and obesity on preference ratings, consumption, and buying intentions«, in: *Journal of Personality and Social Psychology*, 32(5), 1975. S. 761–766.

ÜBER DIE AUTOREN

Micael Dahlen ist ein schwedischer Autor, Redner und Professor an der Stockholm School of Economics. Seine Forschungsschwerpunkte sind Marketing, Kreativität und Verbraucherverhalten, doch er hat auch Bücher über das Glück, Serienkiller und den Sinn des Lebens geschrieben. Seine Arbeit ist preisgekrönt und er gilt als einer der wichtigsten Wissenschaftler seines Fachs. Er lebt mit seiner Familie in Stockholm.

Helge Thorbjørnsen ist Autor und Professor für Marketing an der Norwegian School of Commerce. Er erforscht seit vielen Jahren, wie Menschen Entscheidungen treffen, wovon wir beeinflusst werden und was uns glücklich macht. Er ist ein gefragter Dozent und Berater und hat Vorstandsmandate in norwegischen und internationalen Unternehmen.